美在钩编
——荷柳钩编精品教程
何晓红 编著
U0422334
辽宁科学技术出版社
·沈 阳·

编委会

夏敏芳 朱海燕 徐 玲 郃海峰 金 凯

朱 建 邹小龙 张海侠 蔡春红 惠 科

钱晓伟 刘 香 杜晓峰 胡友良 薛先余

葛恒中 潘爱民 汪自保 常前坤 叶光飞

图书在版编目（CIP）数据

美在钩编：荷柳钩编精品教程 / 何晓红编著. —沈阳：辽宁科学技术出版社，2013.1

ISBN 978-7-5381-7784-8

Ⅰ. ①美… Ⅱ. ①何… Ⅲ. ①毛衣—编织—图集 Ⅳ. ①TS941.763-64

中国版本图书馆CIP数据核字（2012）第282405号

出版发行：辽宁科学技术出版社

（地址：沈阳市和平区十一纬路29号 邮编：110003）

印 刷 者：辽宁彩色图文印刷有限公司

经 销 者：各地新华书店

幅面尺寸：210mm×285mm

印 张：7.75

字 数：100千字

印 数：1~6000

出版时间：2013年1月第1版

印刷时间：2013年1月第1次印刷

责任编辑：赵敏超

封面设计：央盛文化

版式设计：央盛文化

责任校对：徐 跃

书 号：ISBN 978-7-5381-7784-8

定 价：29.80元

投稿热线：024-23284367 473074036@qq.com

邮购热线：024-23284502

http://www.lnkj.com.cn

序 言

如果说《螺旋花的魅力》一书是我的处女作，那么，今天的《美在钩编——荷柳钩编精品教程》，则是我为大家送上的又一本融基础、教程、欣赏为一体的综合版编织品图书。

这本图文并茂、通俗易懂的钩编书，不仅配有精美的模特着装展示、详细的图解、结构图，对一些单元花更有细致的教程步骤，让您一目了然，易学易织。

无论严寒酷暑，在我们钩编人的眼里，永远是春暖花开的季节。美丽的螺旋花、太阳花、雏菊花、牡丹花、山菊花——随着您手中的针线，一朵朵在绽放。

置身于钩编的世界，于丝丝缕缕间缀起我们对亲朋好友的关爱。虽然我们付出了许多，却也得到了许多快乐！钩编使人恬静、内敛，充满灵性。

如果您也爱好钩编，喜欢我的作品，就请随我一起走进美丽的钩编世界吧！

何晓红

2012年9月30日

编织人生网
www.bianzhirensheng.com
织毛衣，就上编织人生！
百度一下，你就能发现她！
编织人生
搜索一下

目　录 Contents

第一章 基础篇

第二章 教程篇

第三章 欣赏篇

第一章

基础篇

材 料

钩编线材的原料分为两大类：天然纤维与合成纤维。春夏季，多以棉、麻、丝等线材为主；而秋冬季，则以毛、绒线材居多。大家可以根据自己的爱好及用途来决定。

图1　适合钩织的细线

图2　中粗线和粗线

图3　马海毛线和彩虹线

图4　边沿配饰线——松树纱

工 具

钩编工具的选择至关重要，好的工具未必是最贵的，只要适合自己，用起来得心应手就行了。

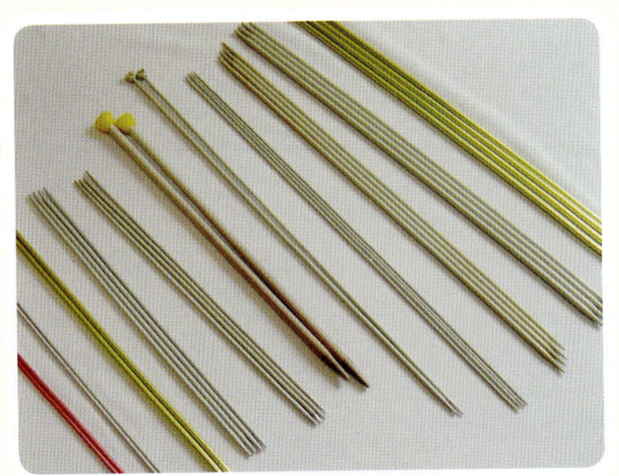

图1 磁化和不锈钢的棒针

图2 舒竹牌棒针

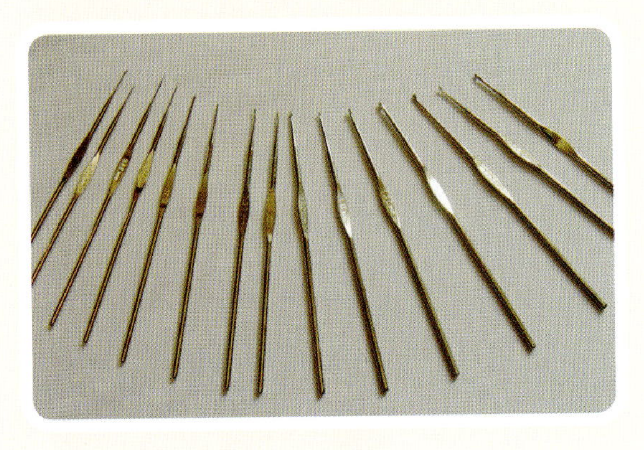

图3 不锈钢单头钩针

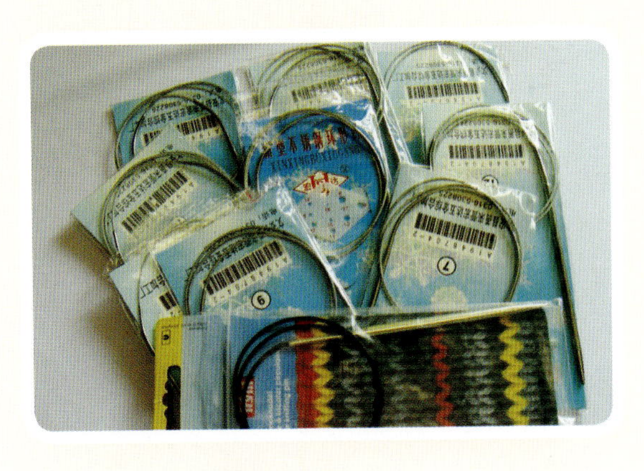

图4 不锈钢环针

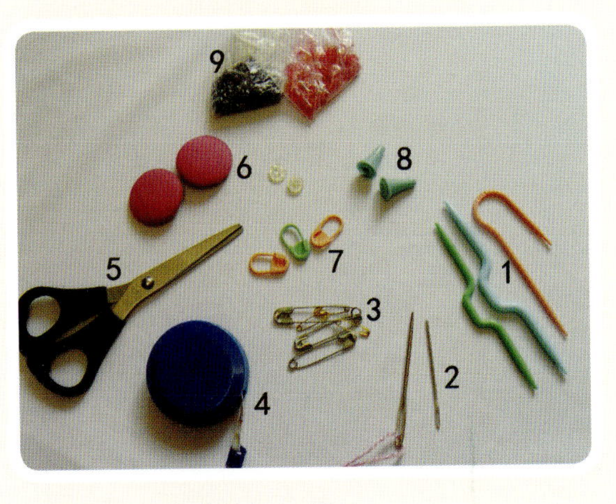

图5 各种编织工具

图中黑色数字依次表示：
1. 麻花针
2. 缝针
3. 小别针
4. 卷尺
5. 剪刀
6. 扣子
7. 记号针
8. 防脱针帽
9. 装饰珠片

棒针针法符号

- 下针
- 左上2针并1针
- 左上1针交叉
- 上针
- 右上拨收1针
- 右上1针交叉
- 空针
- 左上3针并1针
- =1针下针
- 扭下针
- 中上3针并1针
- 绕两圈线
- 左加针
- 右加针
- 7针扭针单罗纹左上3针交叉针
  7 6 5 4 3 2 1
  先用麻花针穿下第1~4针，织第5~7针，再织第4针（上针），最后织第1~3针。
- 加收3针的枣形针
  1针加出3针，接着这3针织3行后，又并成1针。

钩针针法符号

- 锁针
- 长针
- 1束中分4个长针（2针辫子针在内）
- 引拔针
- 长长针
- 1束中分6个长针（2针辫子针在内）
- 短针
- 3个卷曲长针
- 1束中分8个长针（2针辫子针在内）
- 逆短针
- 4个卷曲长针
- 1束中分10个长长针（3针辫子针在内）
- 狗牙针
- 5个卷曲长针
- 1束中分12个长长长针（3针辫子针在内）
- 中长针
- 长针3针并1针
- 1束中分14个长长长长针（3针辫子针在内）
- 长长针3针并1针
- 长针3针的枣形针
- 1束中分18个长长长长长针（3针辫子针在内）

编织中常见的起针、加针、收针及缝合的方法

*手指挂线起针法

①先做出第1针。

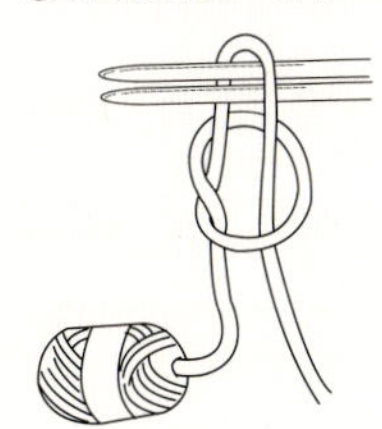

②将线端拉紧。

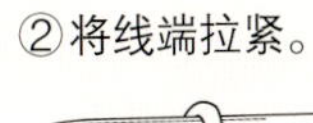

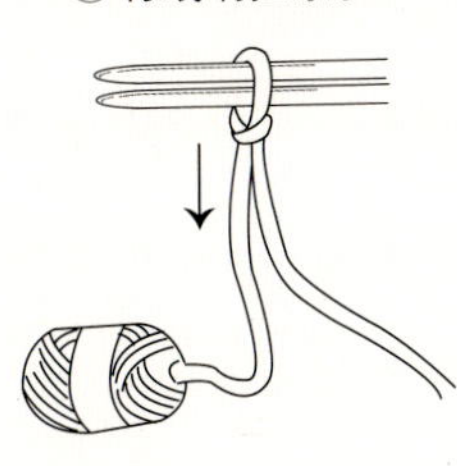

③短线放在拇指上，线留作品宽度的3倍。

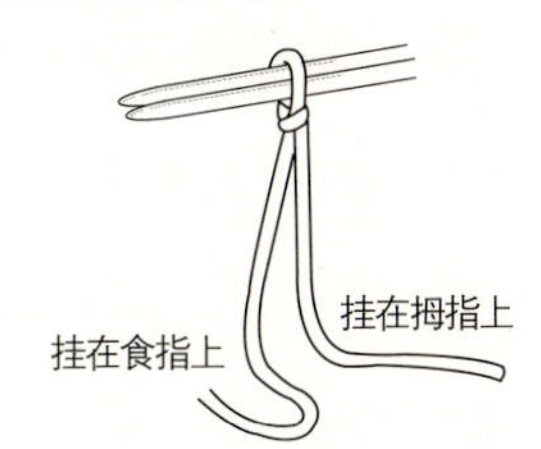

④

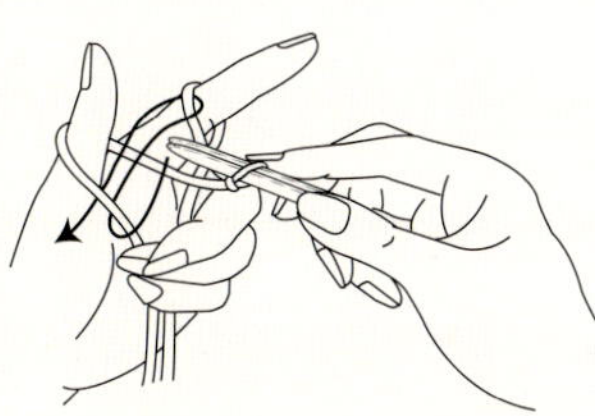

⑤

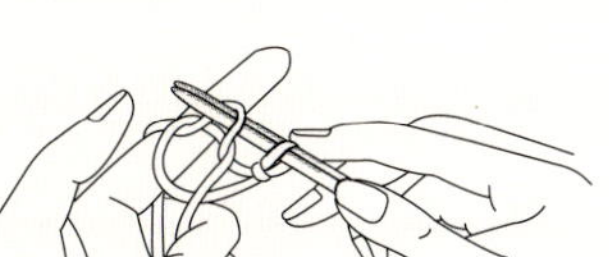

⑥拉紧后重复成所需针数。

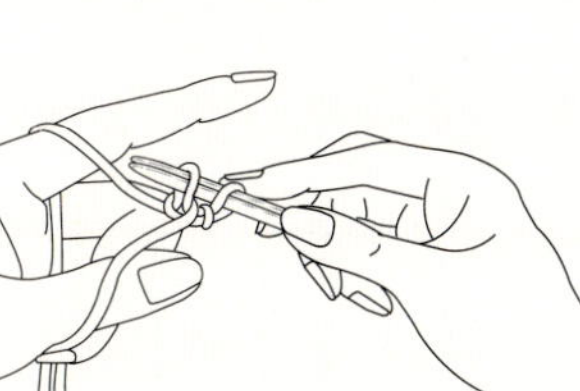

⑦

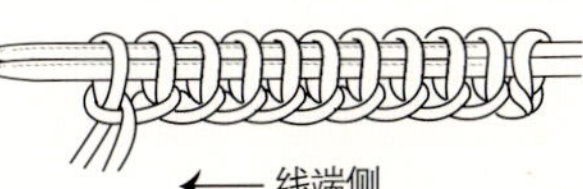

Ps 此行起针用的棒针如只用1支棒针，则需比作品实际用的针号大2号。

*一针松紧针起针法

①

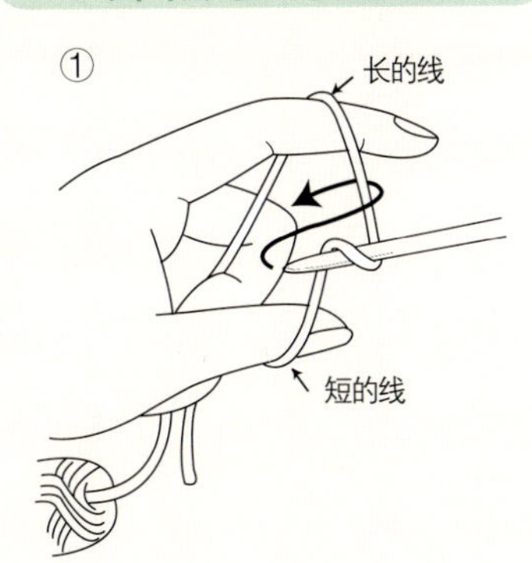

②

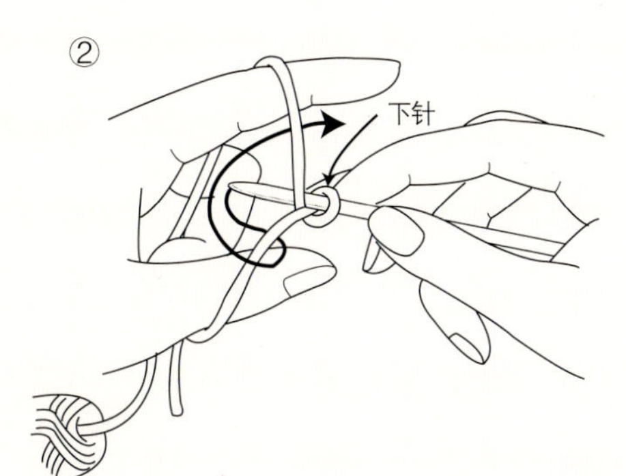

③

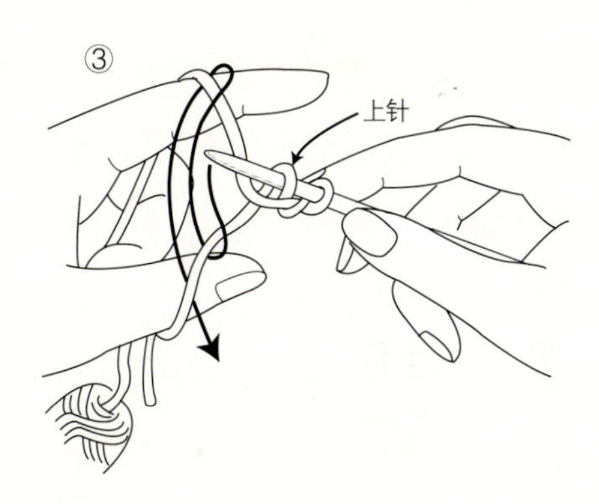

④起针完成后，第1针为浮针（不织）。

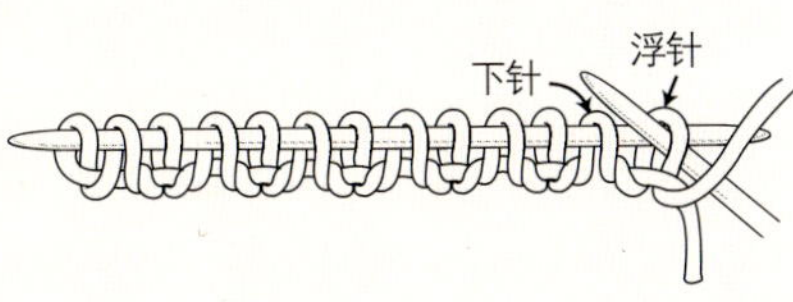

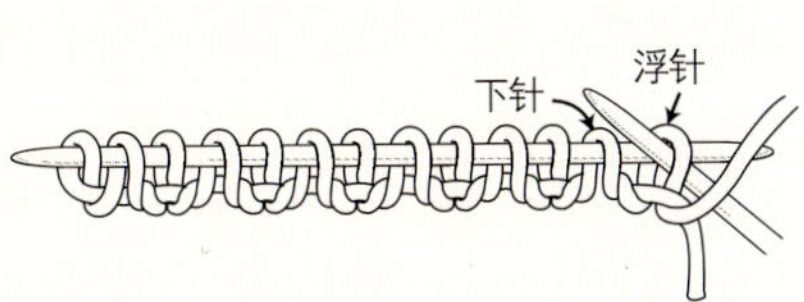

Ⓐ第1行开始编。

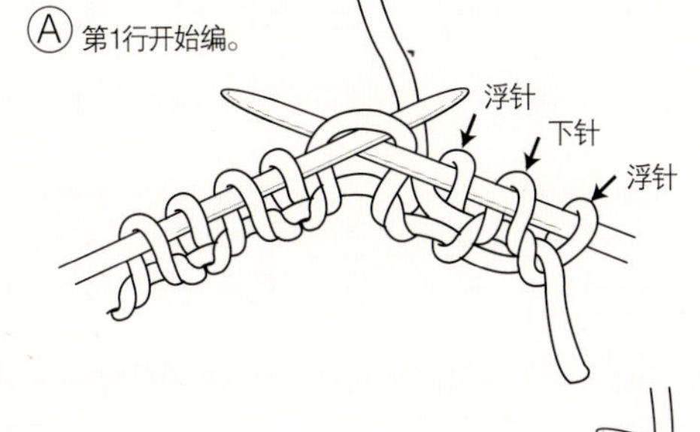

Ⓑ以1针浮针、1针下针交互操作B~C。

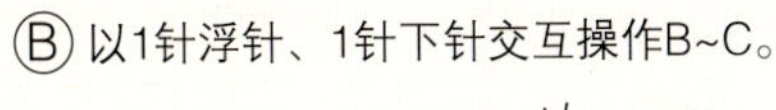

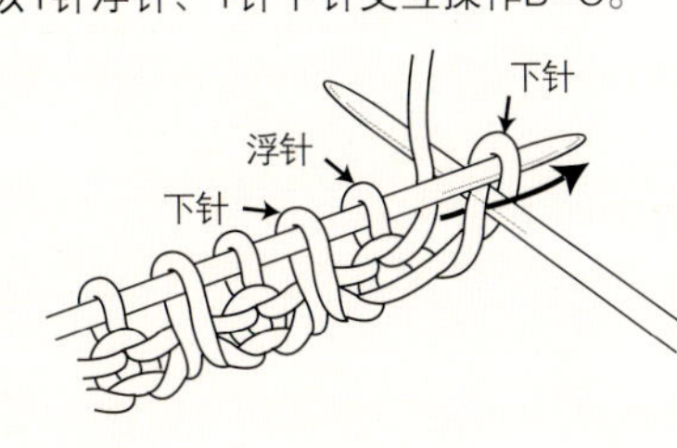

下针

浮针

Ⓒ

⑤完成起针。

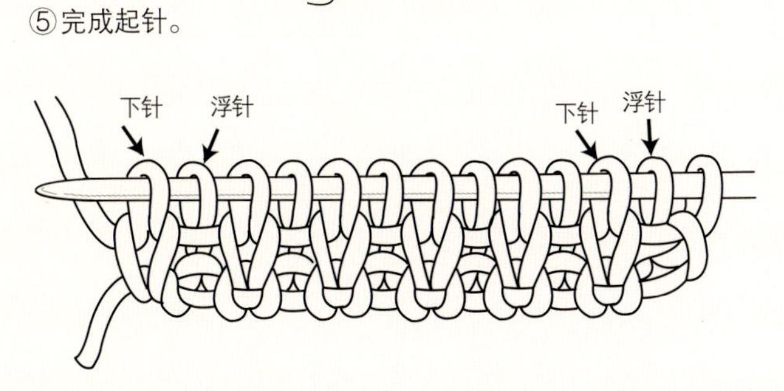

⑥开始织一针松紧针。

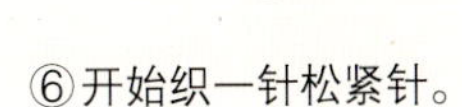

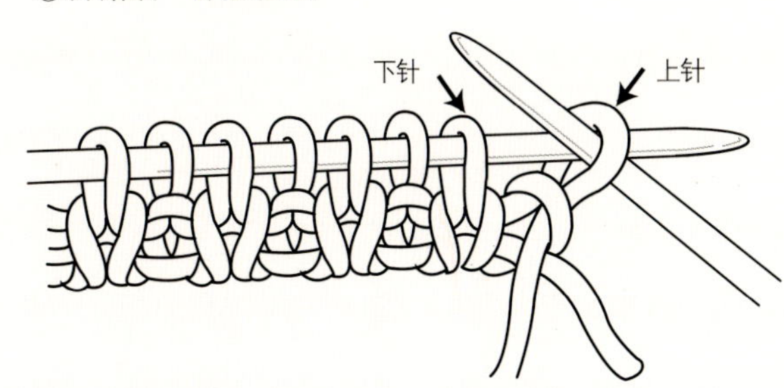

*钩针、棒针本色线&别色线起针法

①依箭头方向引出线。

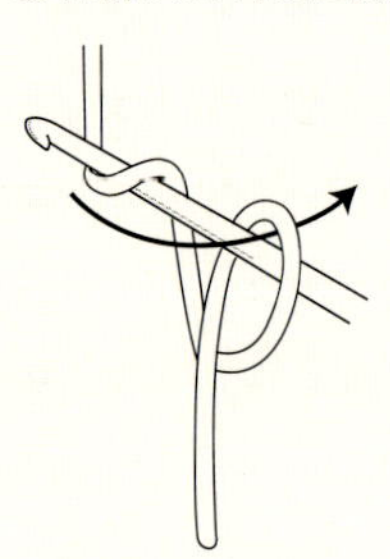

②钩1针锁针。

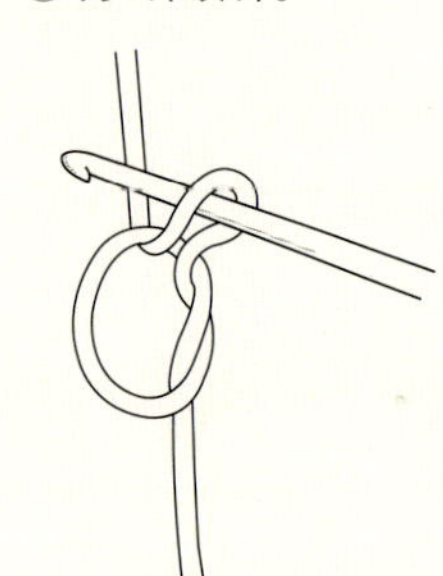

③将棒针放在线上。

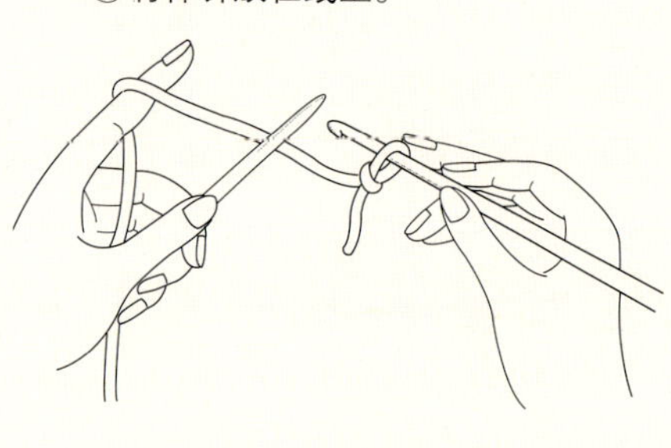

④包夹着棒针钩锁针。

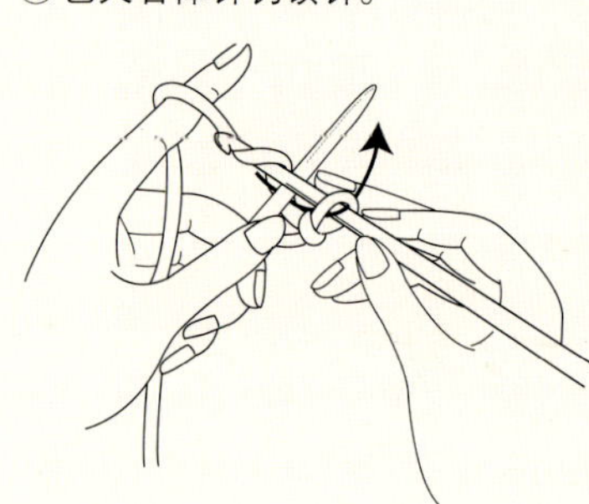

⑤将线绕到棒针下面。

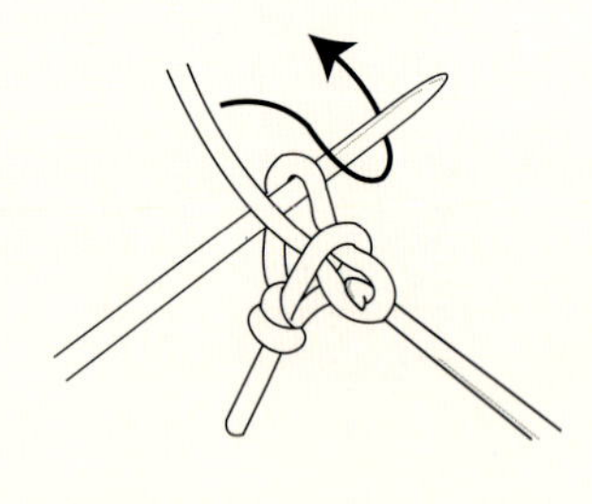

⑥接着再钩1针锁针。

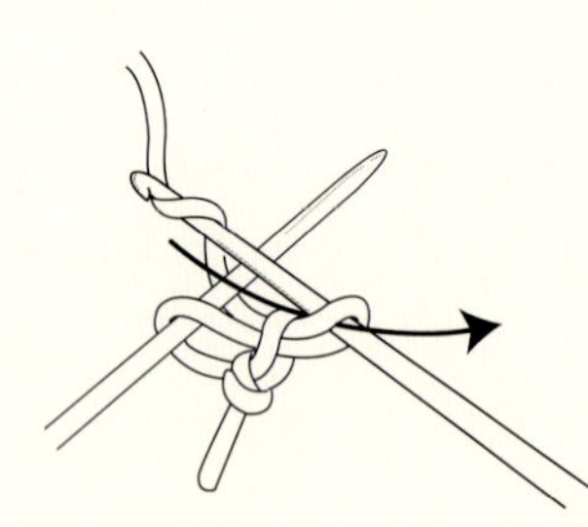

⑦完成时将钩针上的针目依箭头放到棒针上。

Ps 本色线是直接以毛线起针，别色线则是先借由一条别色线（尼龙成分更好）起针后再以毛线编织。

*环针使用

将所需针目起完针后，编织第1针使它接成一个圆筒，一直往前编织。

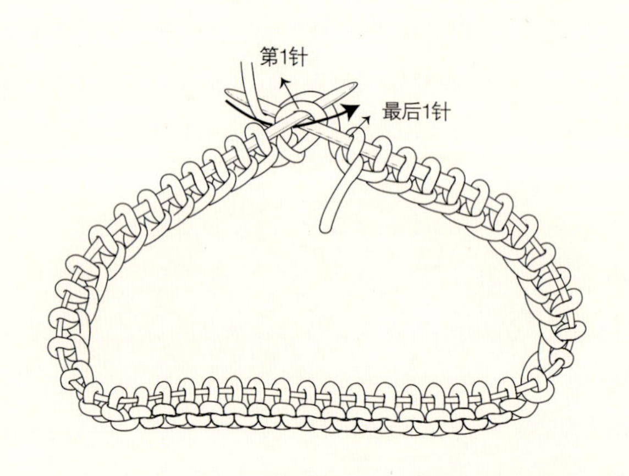

*美式起针法

①

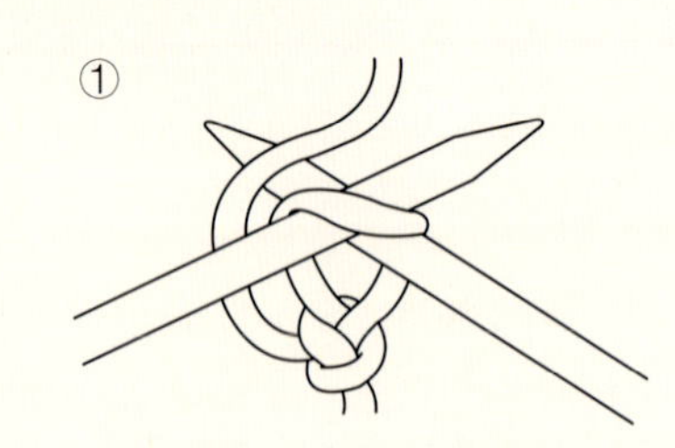

②

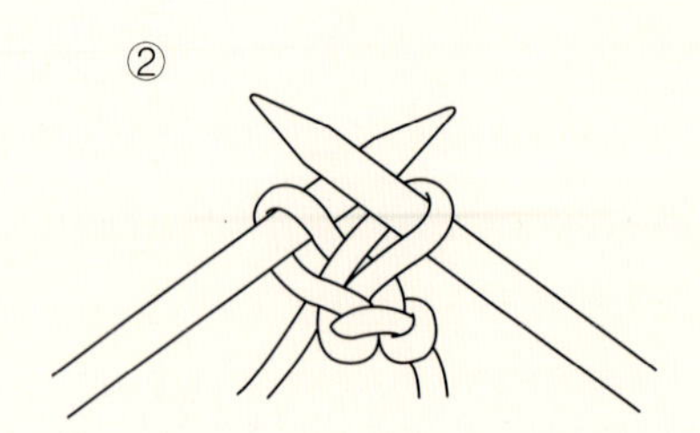

③

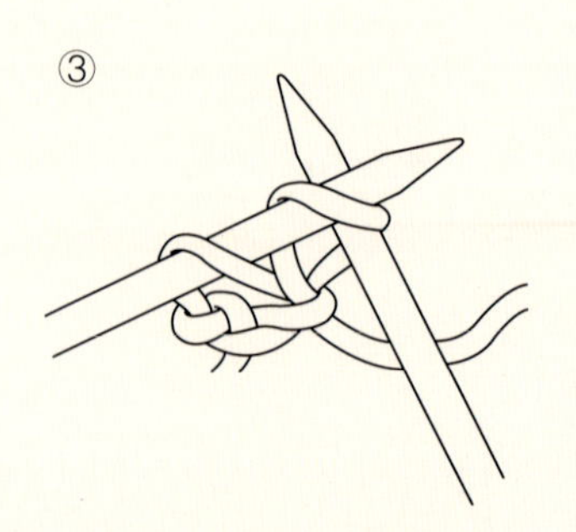

*扭加针

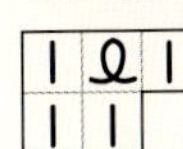

①右手棒针穿入第1、2针之间的横线。

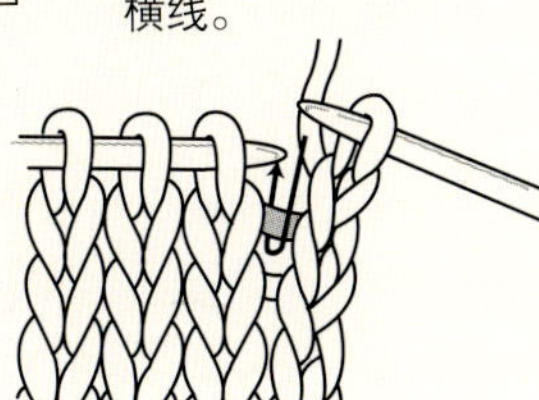

②将线圈如图移至左手棒针。

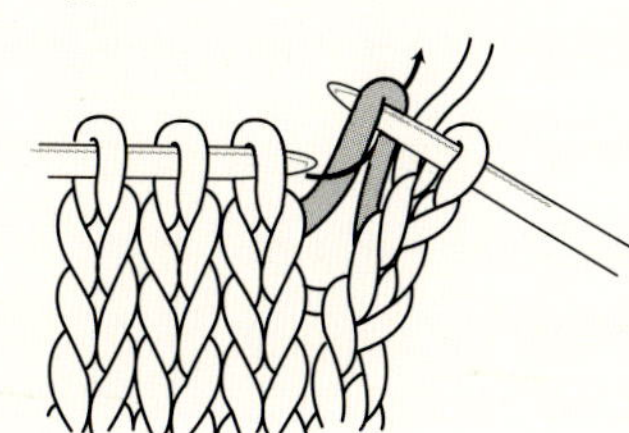

③将横线做成扭针。

④完成。

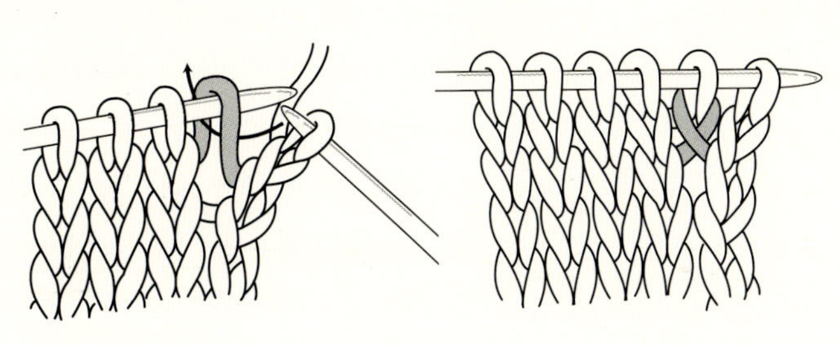

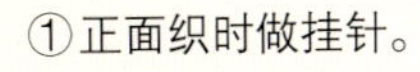

*下针扭加针

①正面织时做挂针。

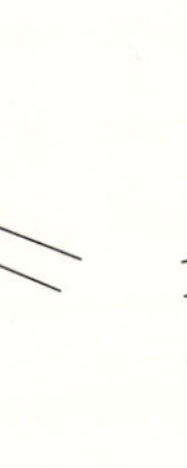

②反面织时依箭头方向将棒针穿入。

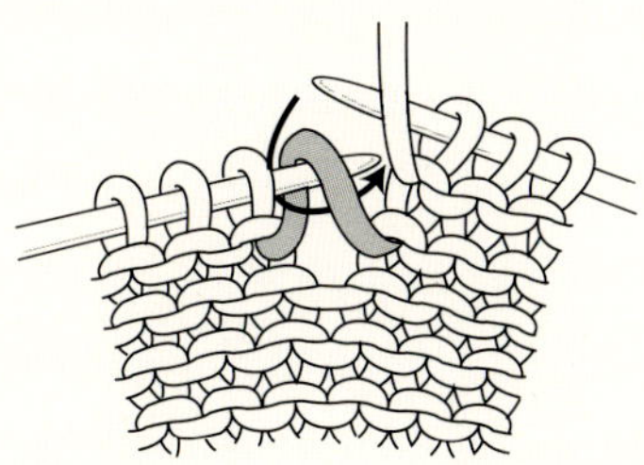

③再依箭头方向织下针，成为扭上针。

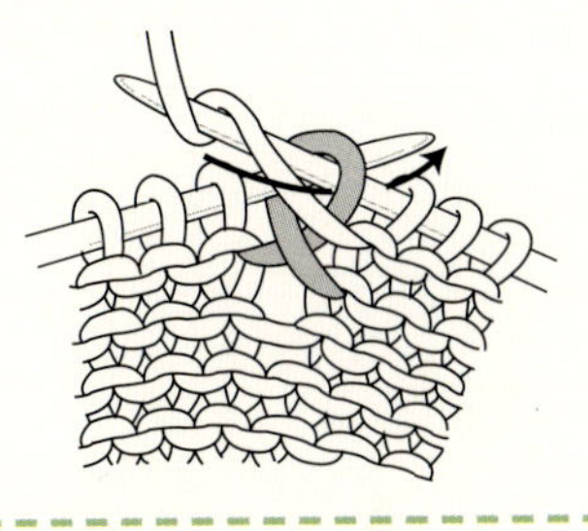

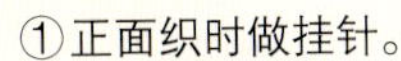

*上针扭加针

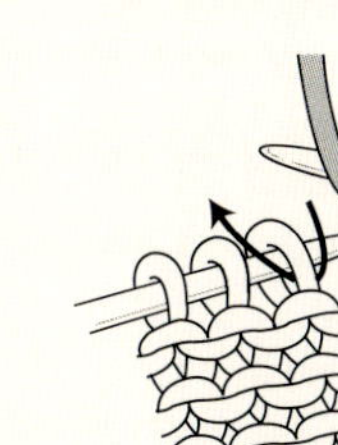

①正面织时做挂针。

②反面织时依箭头方向将棒针穿入。

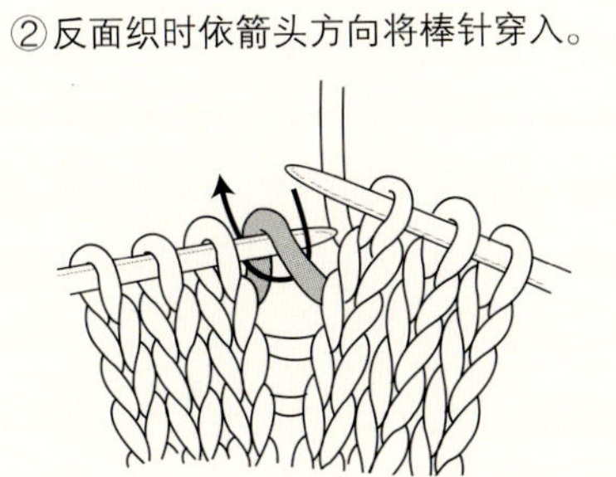

③再依箭头方向织下针，成为扭下针。

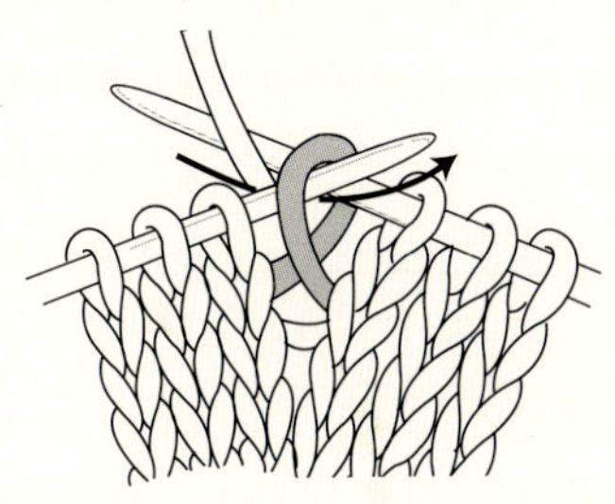

*上针套收

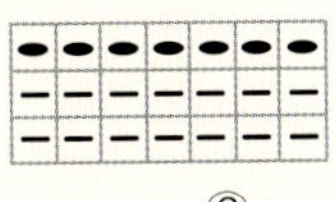

*重复步骤①~②。

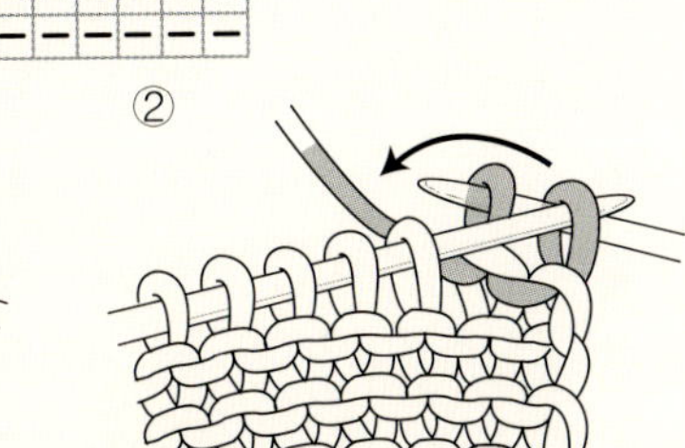

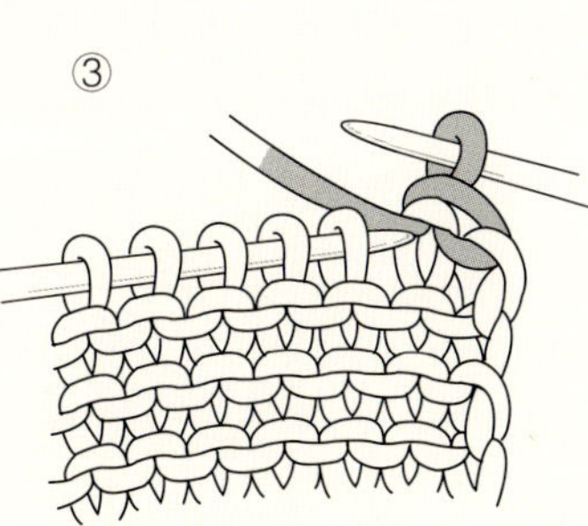

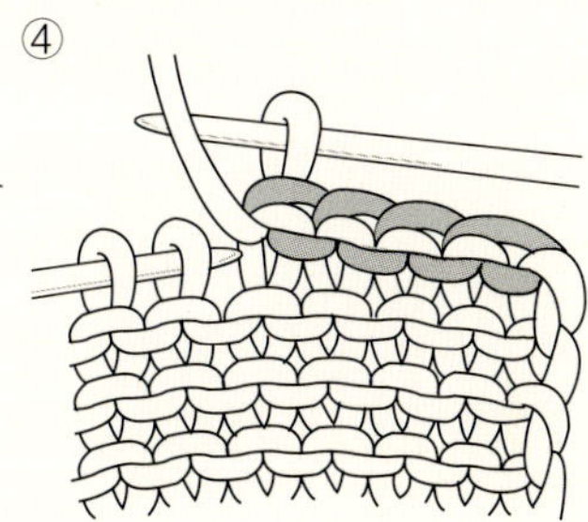

*下针套收

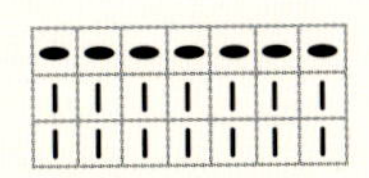

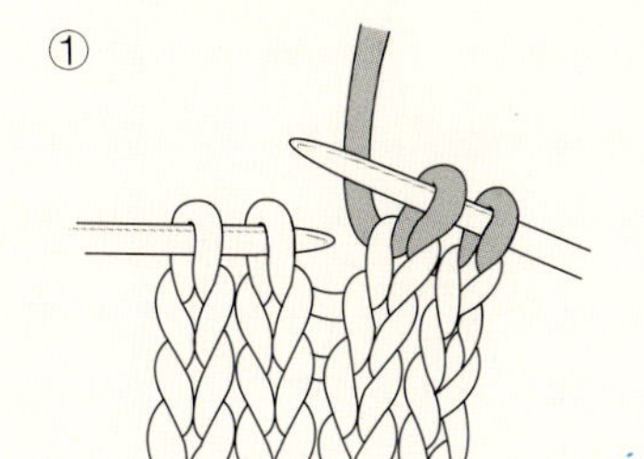

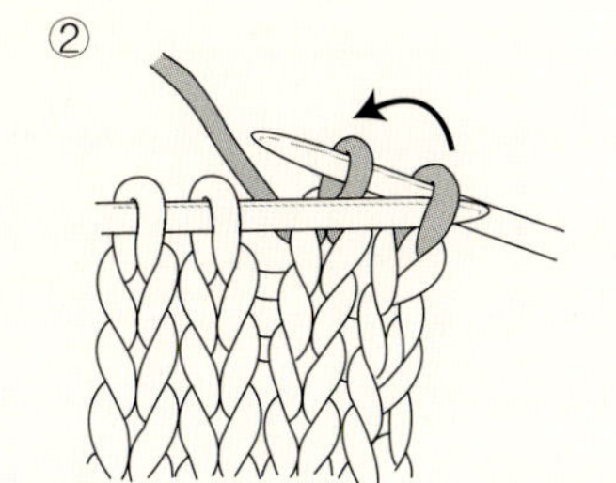

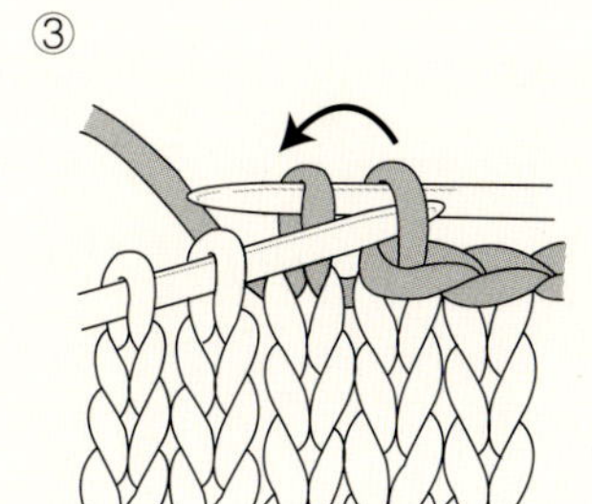

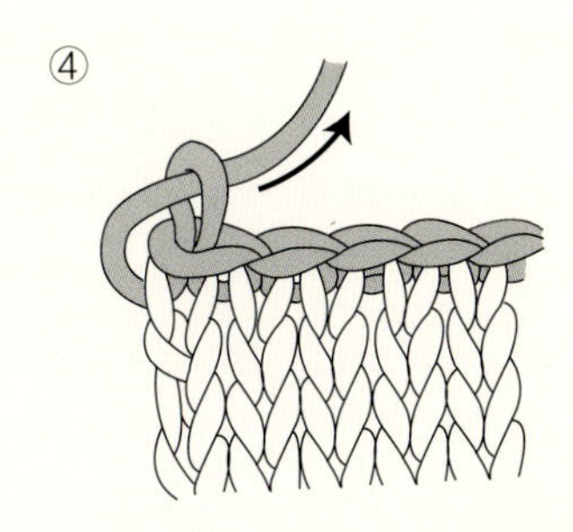

*袖子接缝法(钩针接缝法)

①

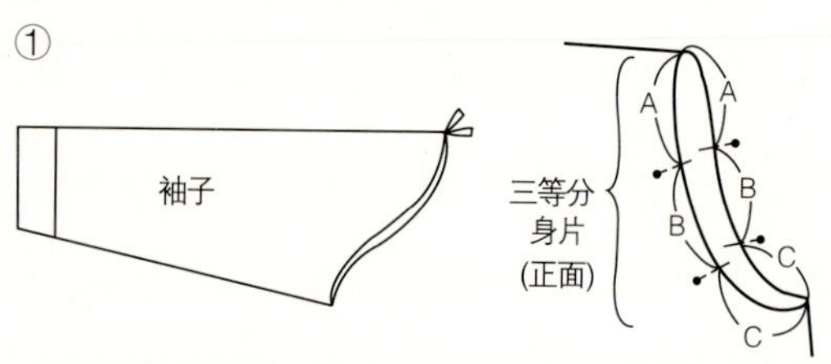

将袖子正面和身片正面相对，翻到身片背面（袖子放入身片中）。

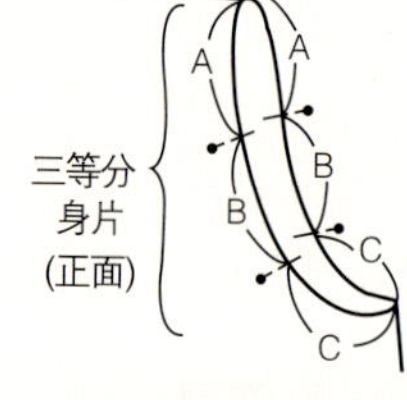

大约三等分以固定针稍固定。

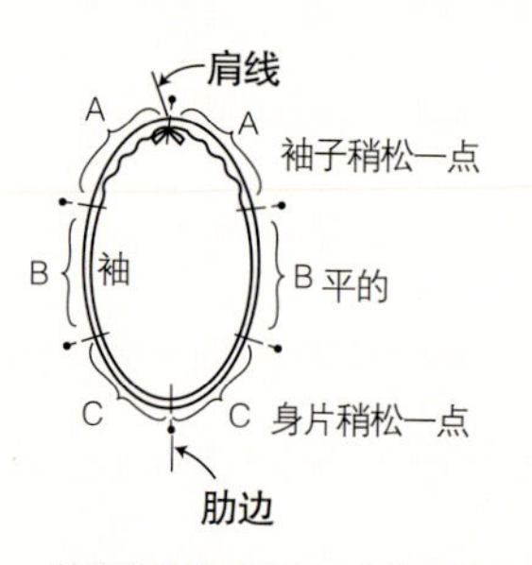

按顺序肋边对袖下，肩线对袖山点以固定针固定，前后袖圈三等分的点也以固定针固定。

②

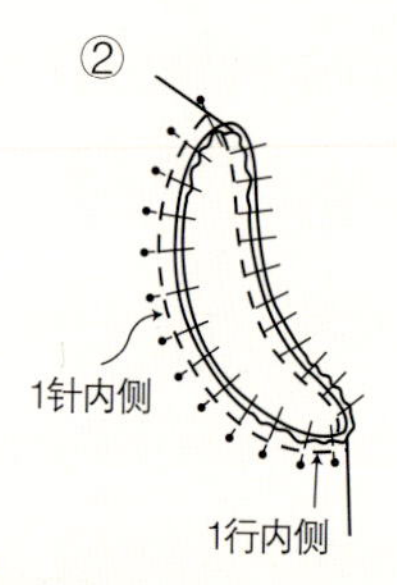

三等分固定针之间再以1~2支针固定。

③

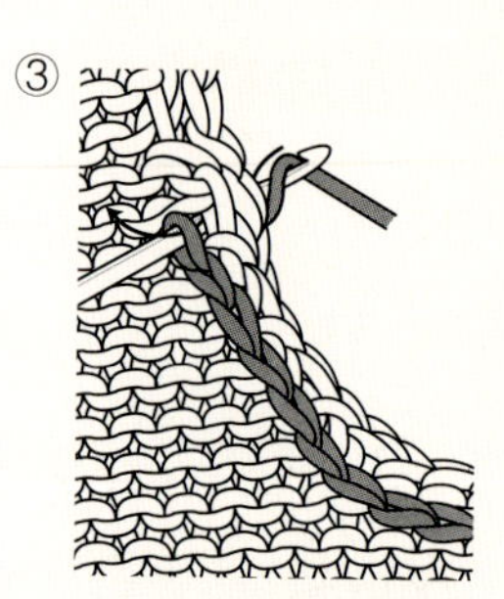

以钩针在身片1针的内侧以钩针引拔。

*一针松紧针环编收缝法

①

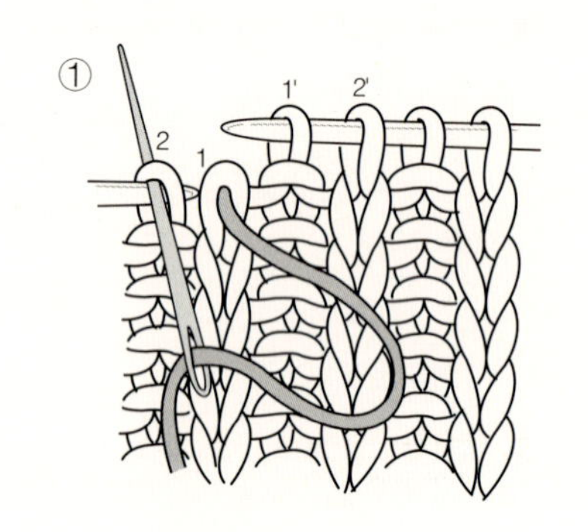

②

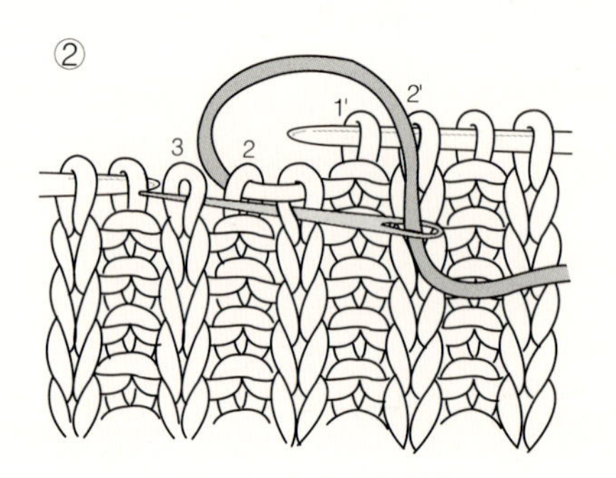

③

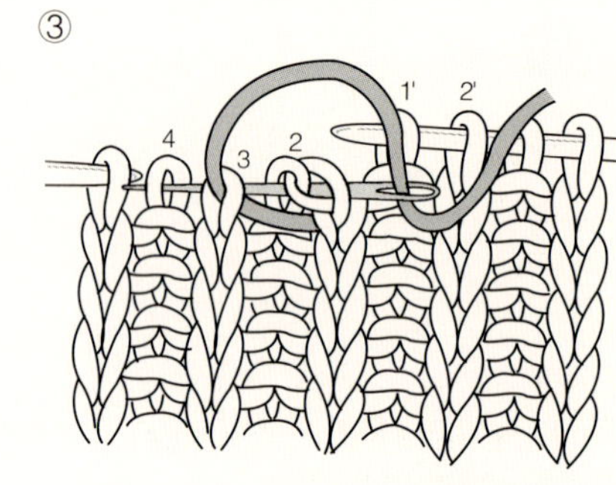

④

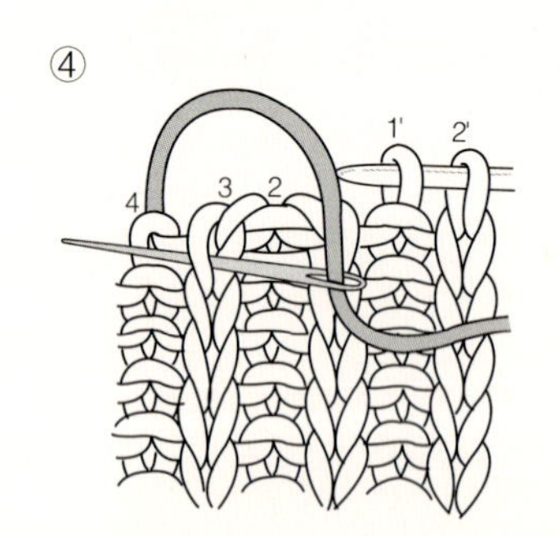

⑤

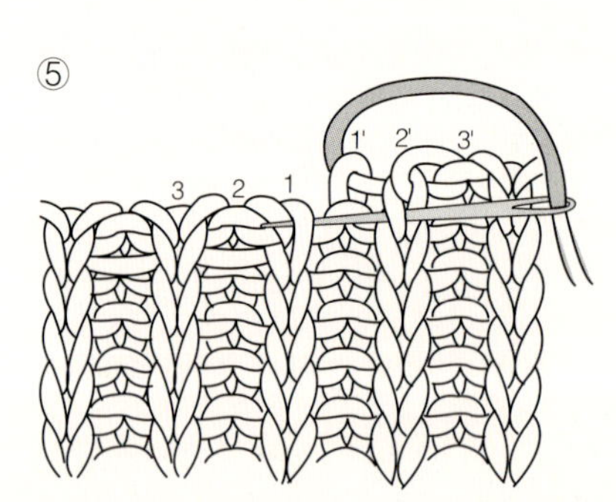

⑥

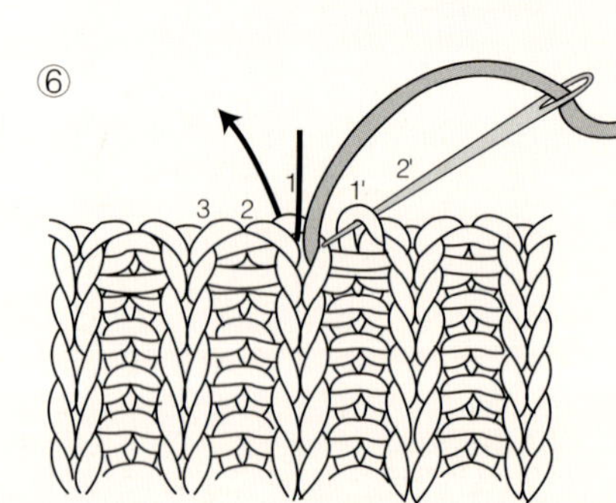

*二针松紧针环编收缝法

①

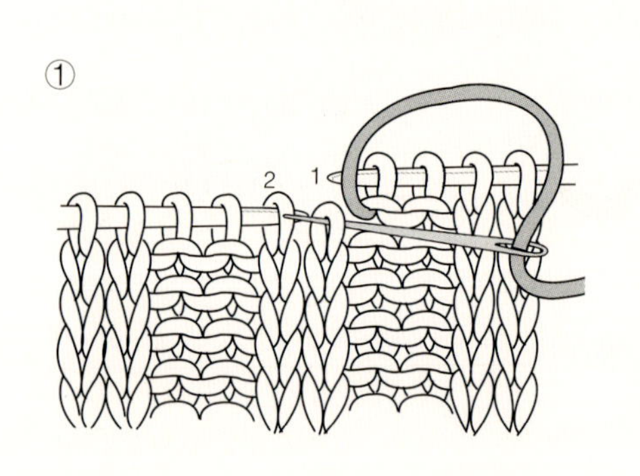

②

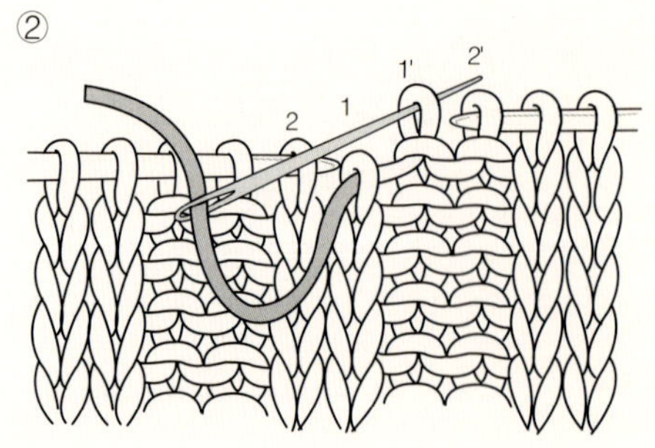

③

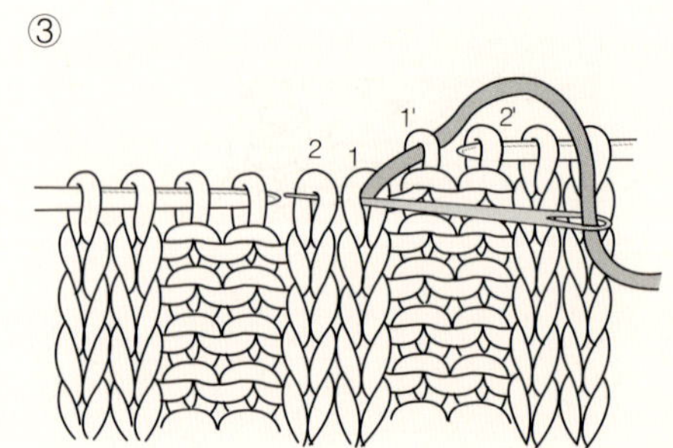

④

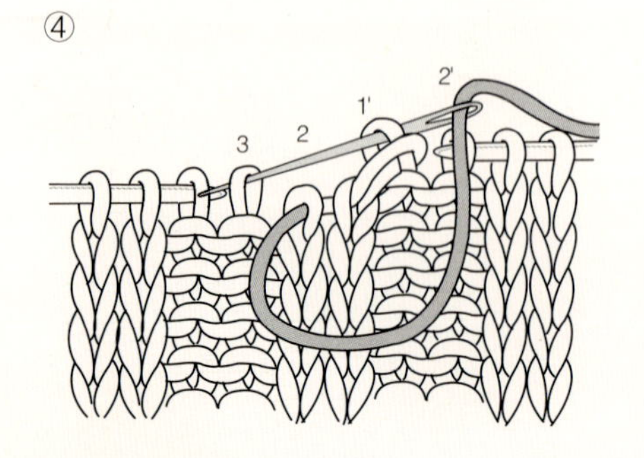

⑤

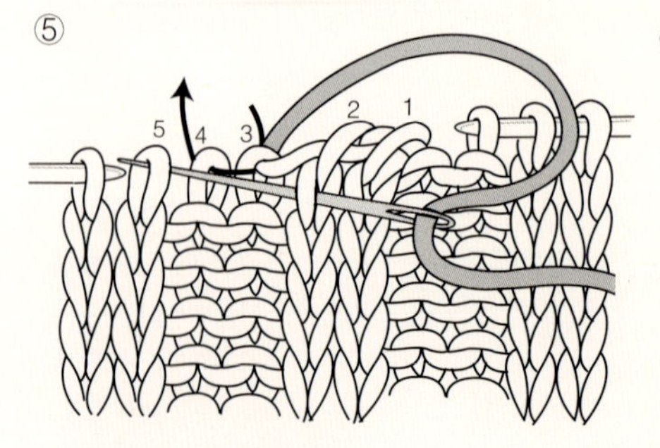

⑥

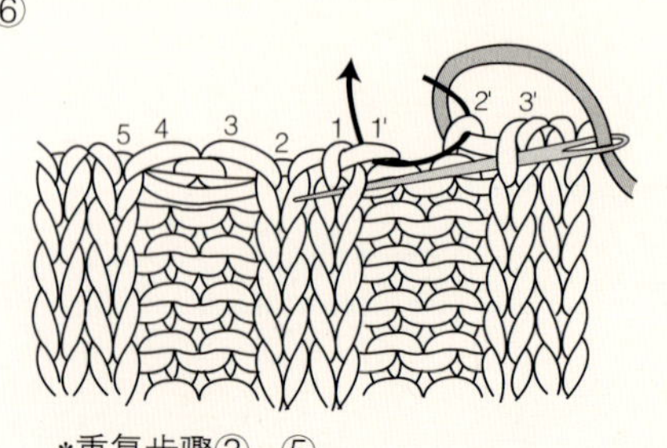

*重复步骤③~⑤。

*中表接缝法

①两织片正面对正面，棒针从前片的针目穿入后片，再将后片针目引出。

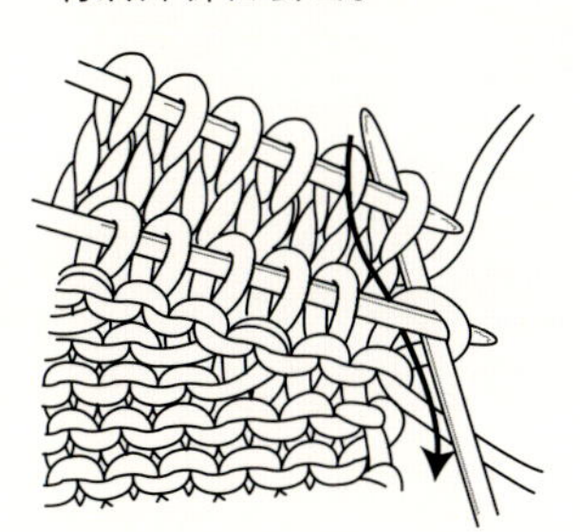

②依序将两片各1针引拔。

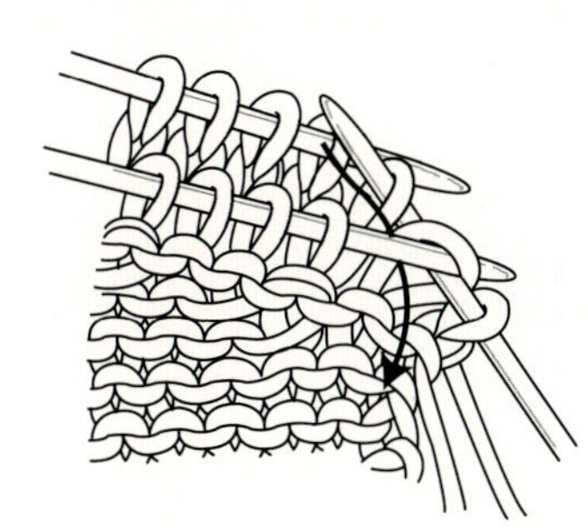

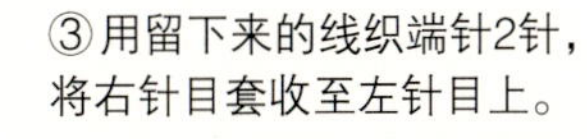

③用留下来的线织端针2针，将右针目套收至左针目上。

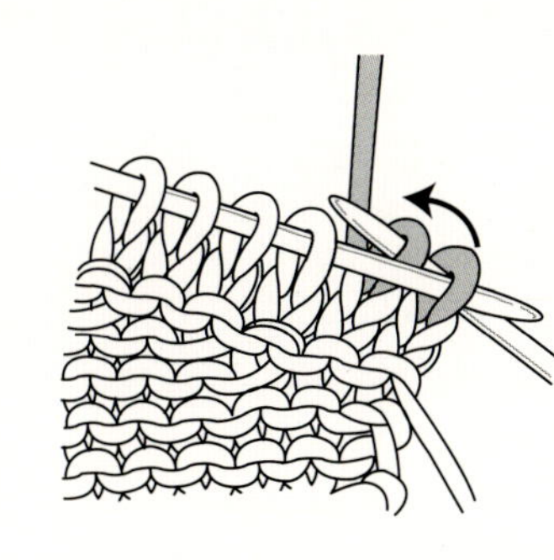

④依序套收至完。

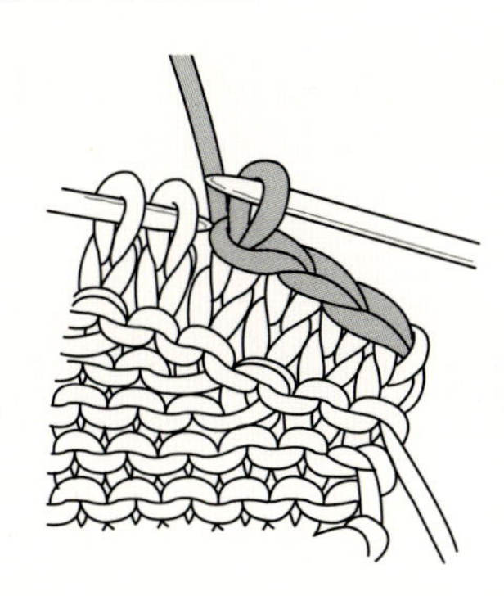

*活针与活针缝合

a. 下针与下针的缝合(平针缝)

①

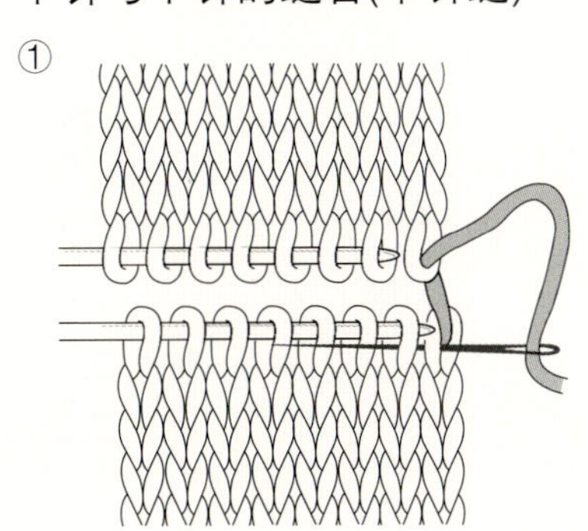

②

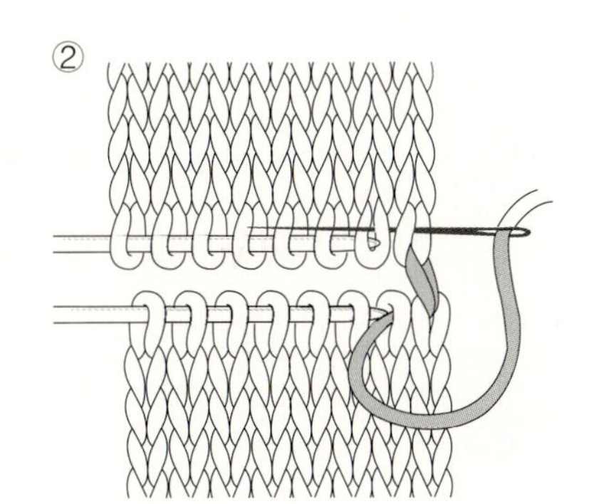

③

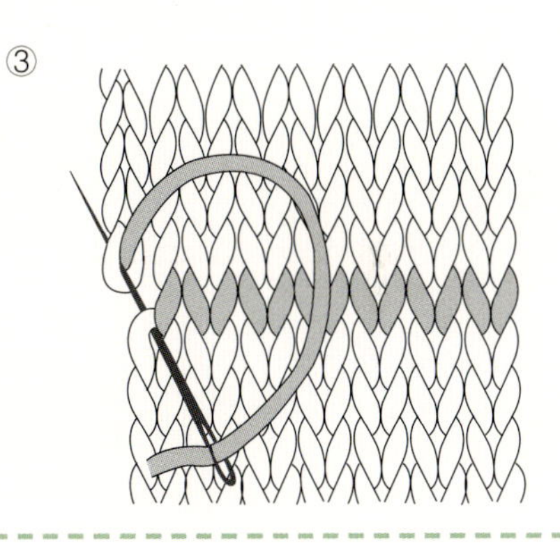

b. 上针与上针的缝合

①

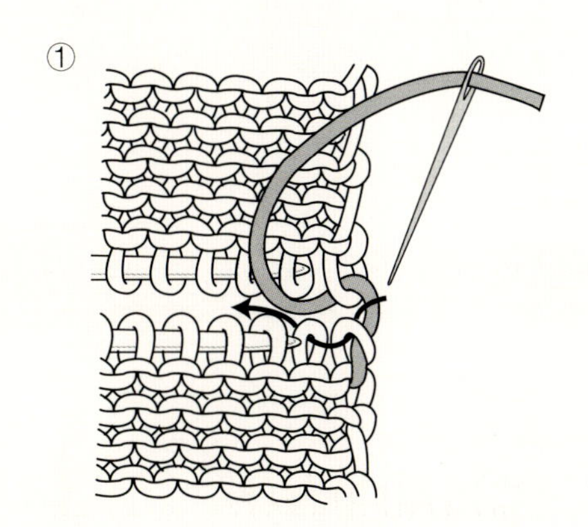

②

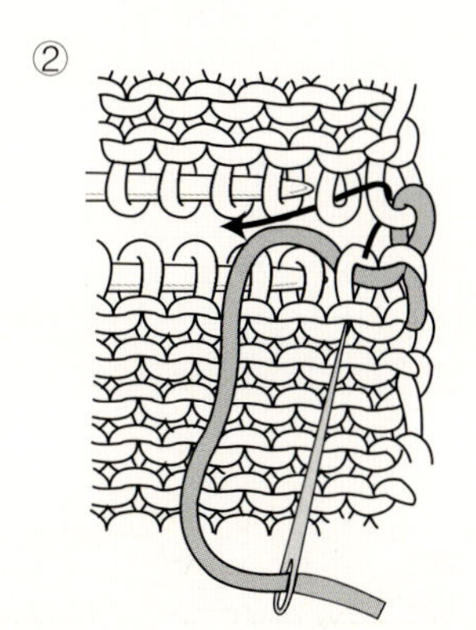

③

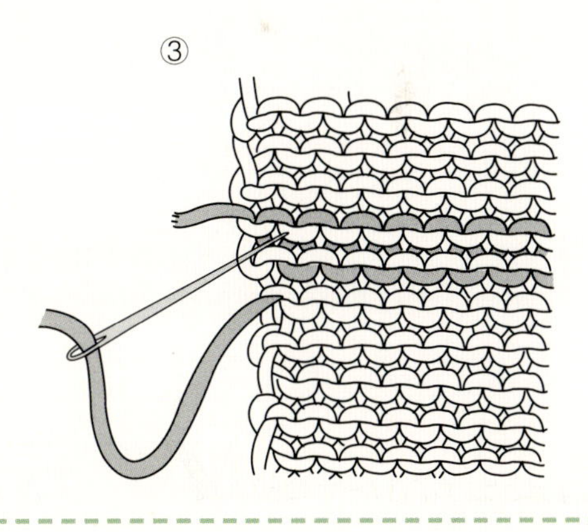

c. 起伏针与起伏针的缝合

①

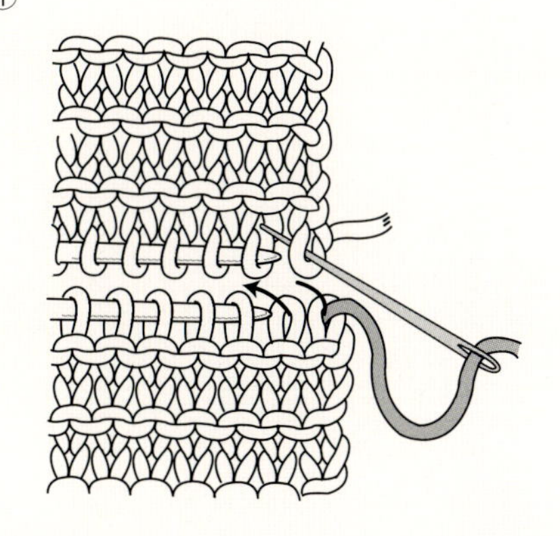

②

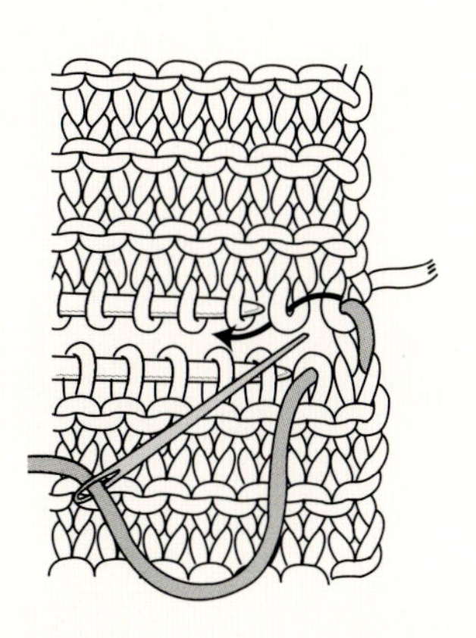

③

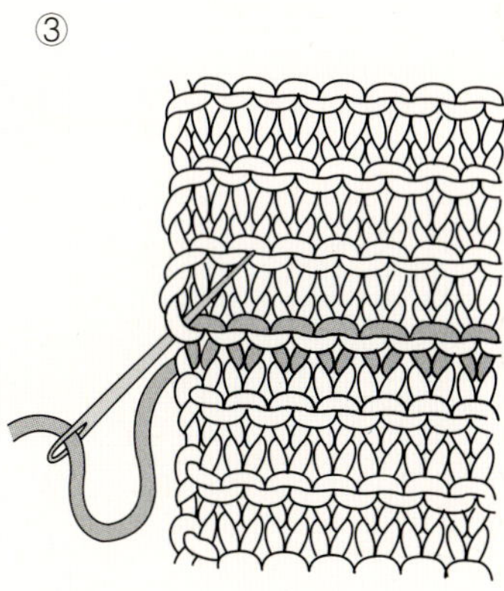

*针目与行的缝合

①

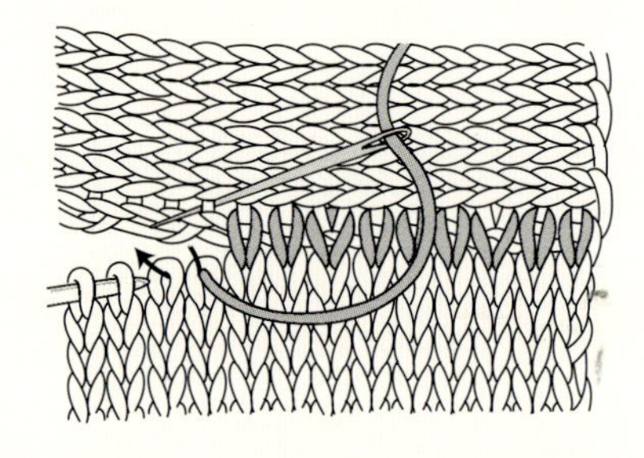

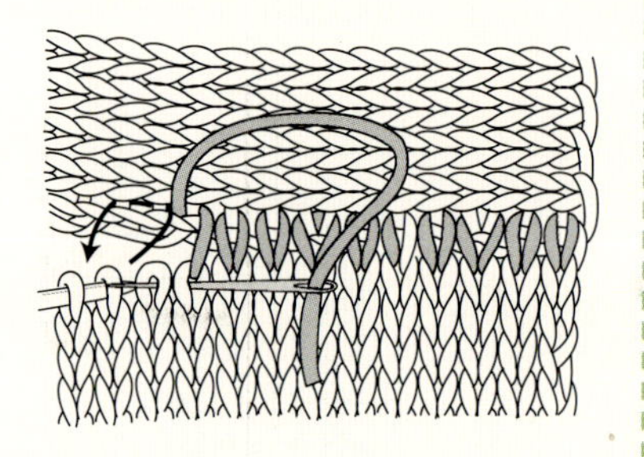

*行与套收针的缝合

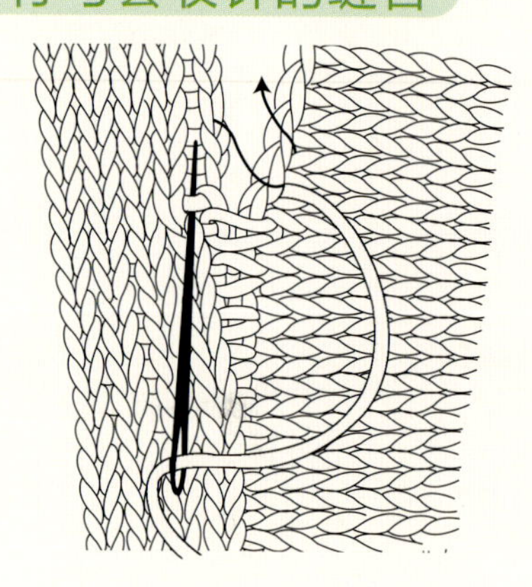

*行对行的挑针缝合

a. 下针平面编织行对行的挑针缝合

①

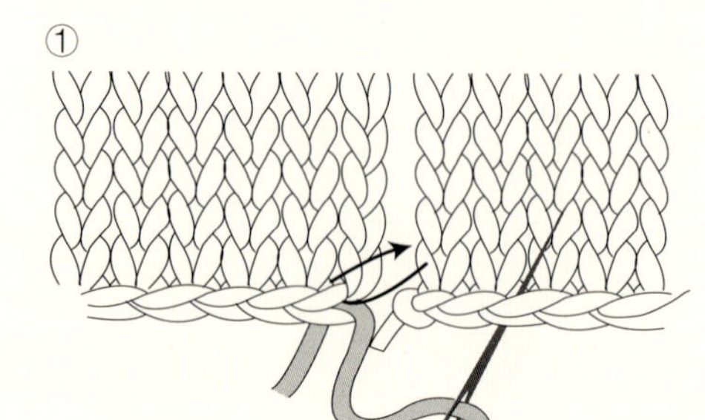

②

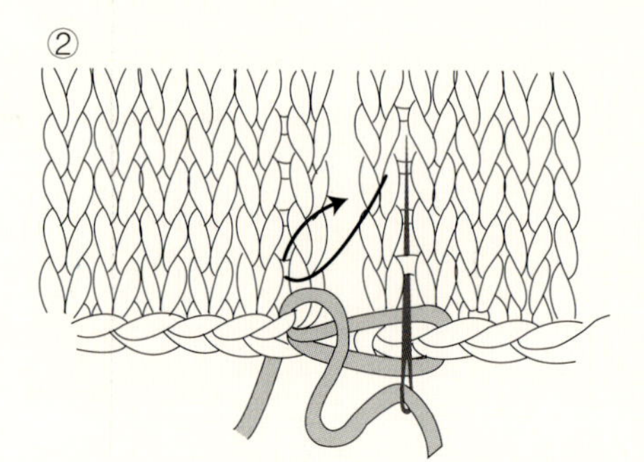

③

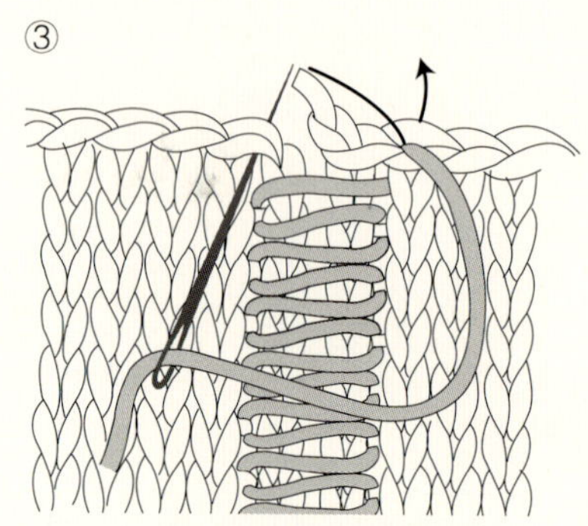

b. 上针行对行的挑针缝合

①

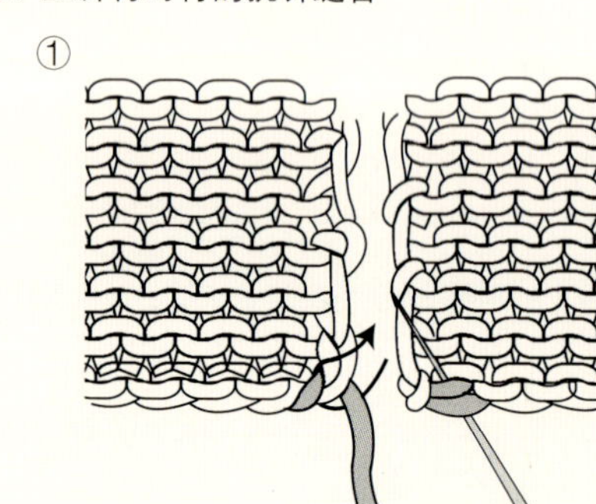

②

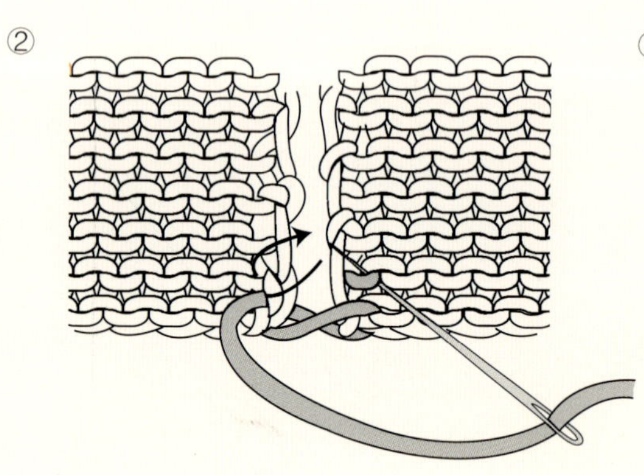

③

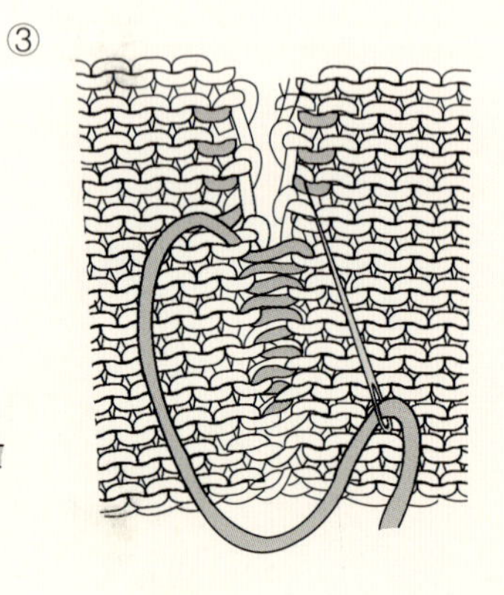

c. 起伏针行对行的缝合

①

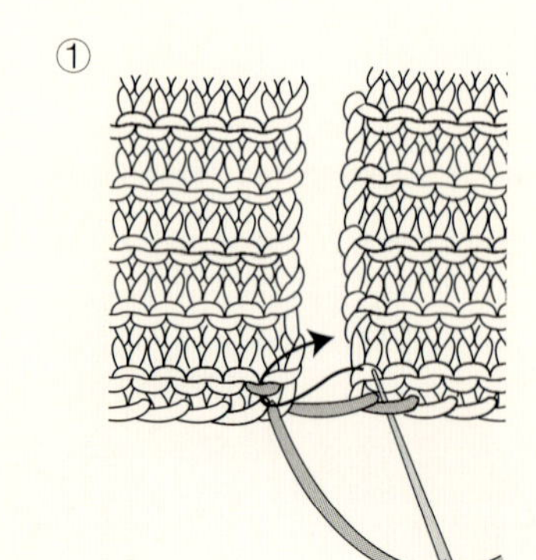

②

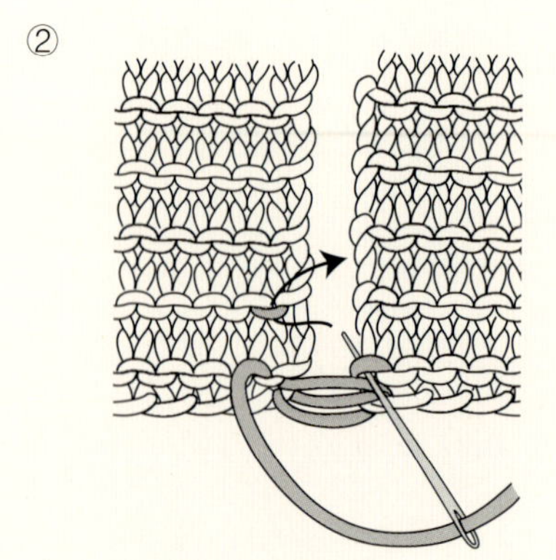

③

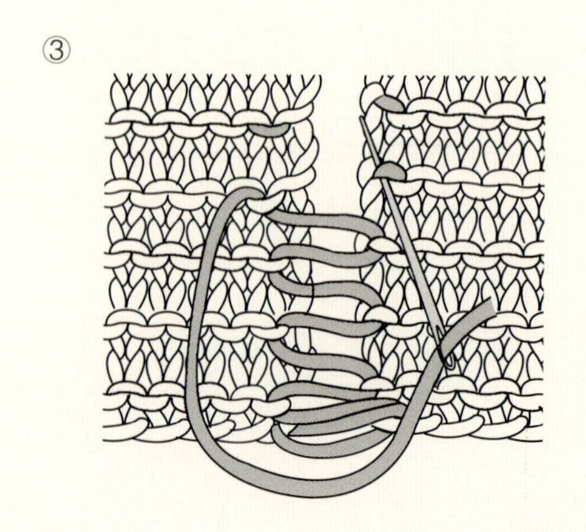

主要针法及样片

图1 下针

图2 上针

图3 单罗纹和下针

图4 单罗纹

图5 双罗纹和斜形桂花针

图6 边沿起伏花样和下针

图7 单罗纹和单桂花针

图8 单罗纹和单桂花针

图9 单罗纹和麻花针及起伏花样

图10 扭针单罗纹3针右上交叉针

第二章

教程篇

1 螺旋花

（1）单元花基础教程

螺旋花是一种新颖独特的花型，不论织披肩、围巾，或是点缀衣间，都是那么的别致好看。只要你掌握了基础的针法，以及加收针的规律，十几圈织下来，一朵靓丽旋转的花便呈现在你的眼前。

这种呈六边形，用棒针由外向内编织而成的花型，其主要的针法只有五种：上针，下针，空针，左上2针并1针，左上3针并1针。

花样A

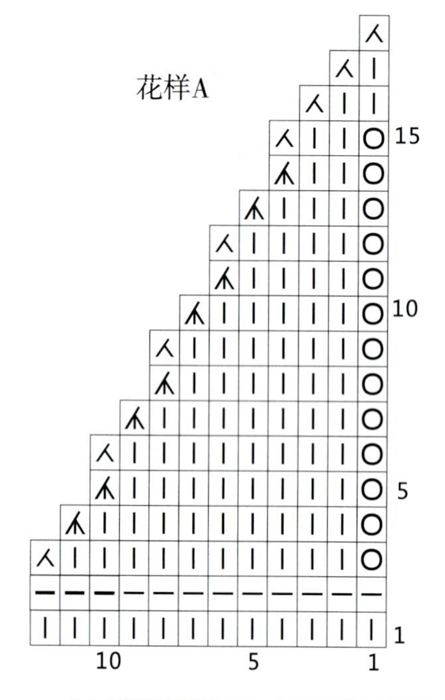

我们以72针一朵的螺旋花为例，首先来看一下它的单边图解，由此得出它的加收针规律：第3~15行，每行都要加收针，当加针后面的下针是单数时，只收一圈左上3针并1针，而当加针后面的下针是双数时，则要收两圈，先织左上3针并1针，第二圈织左上2针并1针。第16行至收口不再加针。

花样A只是螺旋花一个边的图解，后面五个边依此类推。

编织符号说明：

- | 下针
- O 空针
- — 上针
- 人 左上2针并1针
- 木 左上3针并1针

附录　72针一朵的螺旋花行针法口诀：（其他的可以照此推断）

螺旋花呈六边形，用4根棒针由外向内圈织而成。起72针，平均分在3根针上，每根针上24针。注意口诀中每行的针法只是注明了花的一个边，后面五个边重复这个边的针法即可。

行	针法	次
第1行	全下针	
第2行	全上针	
第3行	加1针，10针下，左上2并1	6次
第4行	加1针，9针下，左上3并1	6次
第5行	加1针，8针下，左上3并1	6次
第6行	加1针，8针下，左上2并1	6次
第7行	加1针，7针下，左上3并1	6次
第8行	加1针，6针下，左上3并1	6次
第9行	加1针，6针下，左上2并1	6次
第10行	加1针，5针下，左上3并1	6次
第11行	加1针，4针下，左上3并1	6次
第12行	加1针，4针下，左上2并1	6次
第13行	加1针，3针下，左上3并1	6次
第14行	加1针，2针下，左上3并1	6次
第15行	加1针，2针下，左上2并1	6次
第16行	2针下针，左上2针并1针	6次
第17行	1针下针，左上2针并1针	6次
第18行	左上2针并1针	6次
第19行	最后6针收口（即把后面5针套收到与织线连接的那一针上）	

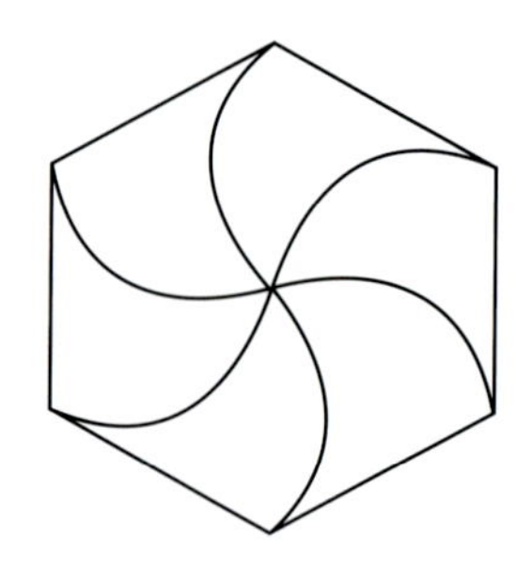

由此可见，第3~15行，每行都要加收针，而加针后面的下针是单数时，只并1圈3针并1针；而加针后面的下针是双数时，则要并2圈（3针并1针和2针并1针各1圈）。倒数第4行至收口，只是收针，不再加针。掌握了加收针的规律，织起来就容易多了。

按照花样A和口诀进行编织：

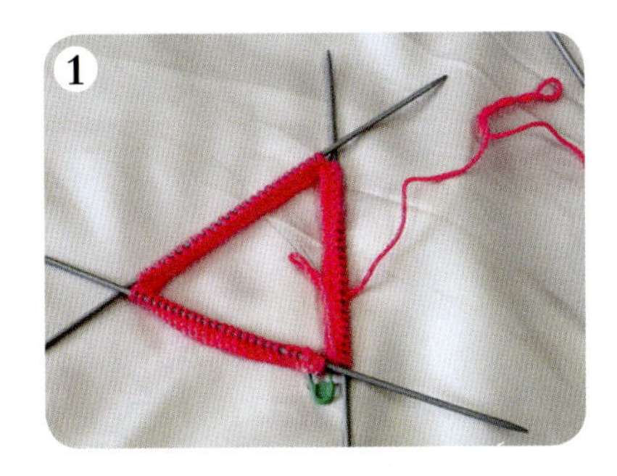

图1 一般起针法，起72针，平分在3根针上，每根针上24针。新手学织，可以在头尾连接处放个记号针。

图2 按照图解，已经织了6圈，此时，每根针上还有20针。

图3 织完第9行，即加1针，6针下，左上2针并1针时，每根针上还有16针。

图4 织完第15行，即加1针，2针下，左上2针并1针时，每根针上还有8针，后面几圈不再加针。

图5 织完18行，每根针上还有2针，准备收口。

图6 把后面5针套过与织线连接的那一针，再把那针钩到反面，线团穿过拉紧，一朵花完成。

图7 一朵螺旋花完工的效果图。

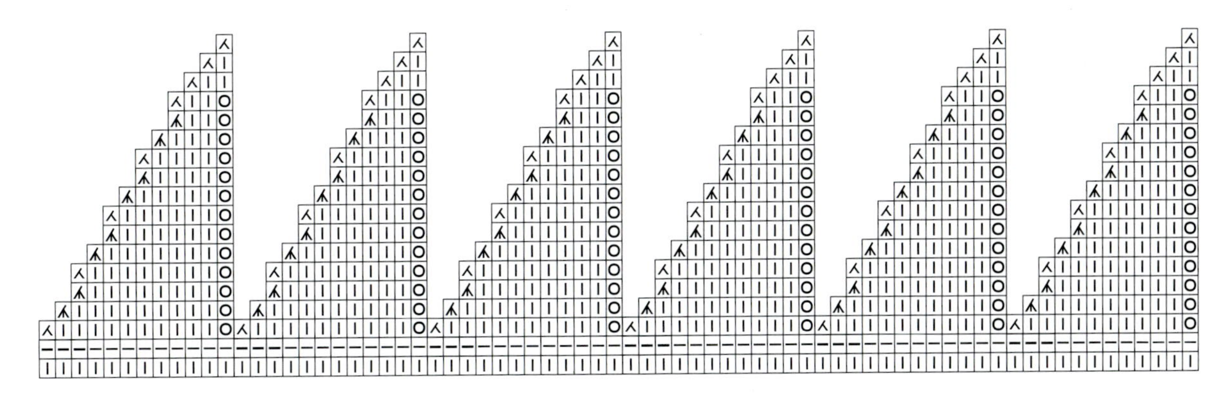

六边72针螺旋花平面图解

（2）螺旋花一线连接技巧

几十朵螺旋花织成的一件成品，若想不用断线，一气呵成，需要我们在织第1朵花的第1圈时，就要采用不同于常规的带线法，即把织线从花的中间往外拉着织。收口后的织线在花中心的反面，拉到花的边沿，挑第2朵花的一个边，加出另外的边。

图1 第2朵花，从第1朵花上挑出1个边12针。

图2 又加出5个边，共72针，平分在3根针上，每根针24针。

图3 第2朵花已经织了9行，每边还有8针，6个边是48针。

图4 第2朵花已经织了15行，每根针上还有8针，后面几圈不再加针。

图5 两朵螺旋花完工的效果图。

图6 第3朵花分别在前面两朵花上，各挑出1个边12针。

图7 再加出另外4个边48针，总共72针，平均分在3根针上，每根针上24针，继续如前面两朵花一样编织。

图8 3朵螺旋花完工的效果图。

（3）色彩与螺旋花

色彩不同，演绎的风格也不同。纯色线编织螺旋花，可以使用有对比的色彩搭配。而段染线编织的螺旋花，色彩更加丰富。其中又分为短、中、长几种不同的段染色。

图1 红与黑的经典配色。

图2 宝蓝粉蓝的对比配色。

图3 纯色的旋之美。

图4 中长段染，色彩变化适中，一朵花可以变化2~3种色。图中的围巾，连织几朵花，也未见色彩雷同的组合。

图5 中长段染，旋转的色彩，让人感受到浓郁的波西米亚风情。

图6 短段染，色彩变化快，织出来的效果如图所示。

（4）花型组合

螺旋花与凤尾花的组合，很美！凤尾花随着螺旋花的起伏加收针。

图1 想不到用盛莲晚霞线演绎的凤尾螺旋花竟这般柔美。

图2 深浅驼色的组合一样出彩。

美丽的山菊螺旋花，展现的是异域风情。

融入公主裙的螺旋花，犹如清风拂面。

把螺旋花另外缝合在织好的衣服上，无疑是锦上添花，更具美感。

图3 另外缝合在领襟周围的螺旋花，花形更立体。

图4 另外缝合在裙摆的螺旋花。

图5 用螺旋花做衣衫的贴袋，简约又时尚。

（5）螺旋花的变形

我们通常都是织72针一朵的螺旋花，有时，为了需要而改变花的规格和形状。比如，作品欣赏中的枣红裙套装，胸前缝合的是54针一朵的螺旋花，而裙摆则是60针一朵的螺旋花。波浪螺旋衣的肓克，织的是五边75针一朵的螺旋花。作品A'的螺旋贴袋，则是六边96针一朵的螺旋花。而八边96针的花，用做帽顶最合适不过。如果你想织条A形螺旋花长裙，下面大花，上面小花为好。总之，不论织多少针一朵的螺旋花，都要遵循这样一个加收针的规律：从第3行开始加收针，倒数第3行不再加针，只是收针至收口。

图1 五边螺旋花。

图2 五边75针螺旋花。

图3 五边螺旋花。

图4 帽顶八边96针螺旋花。

图5 帽顶八边96针螺旋花（八角帽、麻花帽都适合）。

（6）螺旋花作品的边沿

边沿的搭配在作品中的作用至关重要。比如，给织好的螺旋花披肩配一个什么样的边呢？

首先，要根据你所使用的线材色彩，以及你想展现的风格来决定。皮草线的配饰，彰显出作品的雍容华贵。而流苏的点缀，则使作品更具飘逸感。

图1 钩的流苏边。

图2 织的皮草边。

图3 织的皮草边。

图4 剪成线段再钩入的流苏边。

图5 皮草边是这样织出来的，两根针来回织下针，注意螺旋花边沿挑起1针又并掉。

图6 可以钩你喜欢的任何边沿。

各种规格螺旋花图解一览

作品L花样A2

54针螺旋花单边图解

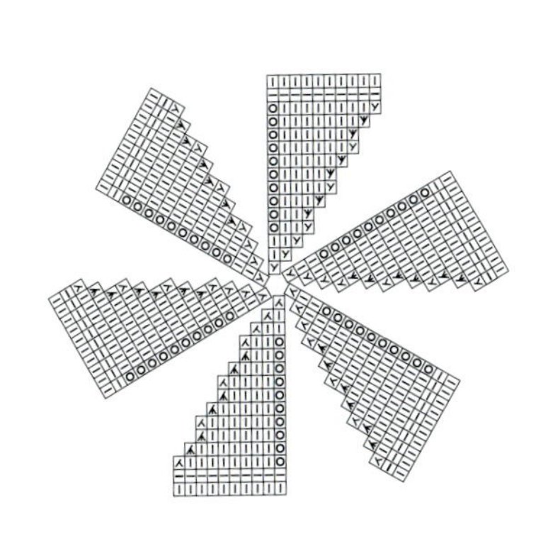

六边60针螺旋花图解

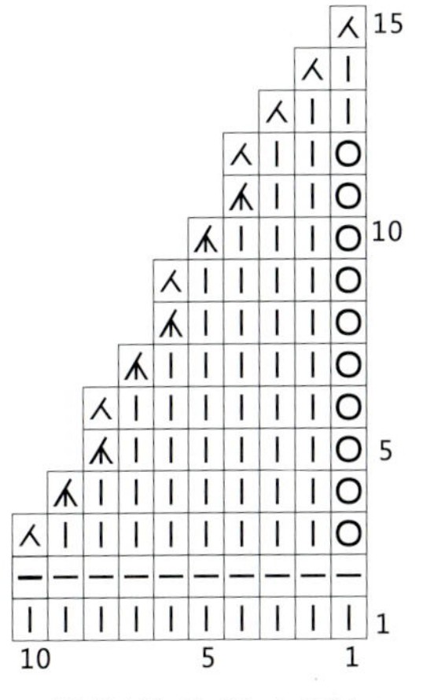

60针螺旋花单边图解

作品E图解

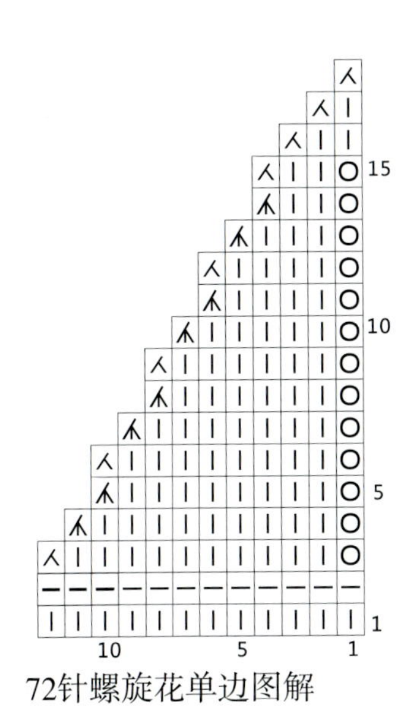

72针螺旋花单边图解

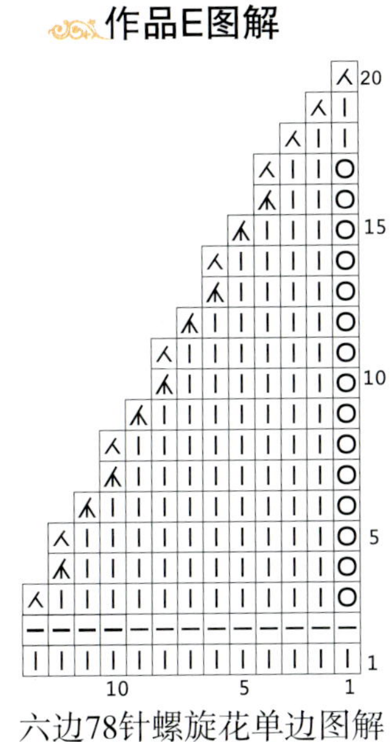

六边78针螺旋花单边图解

螺旋花贴袋图解

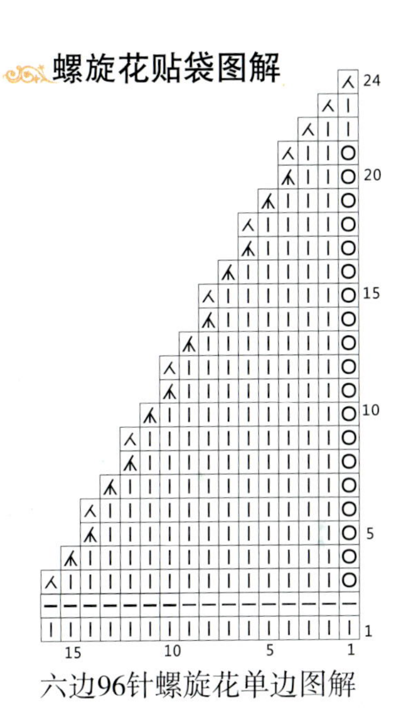

六边96针螺旋花单边图解

波浪螺旋衣图解

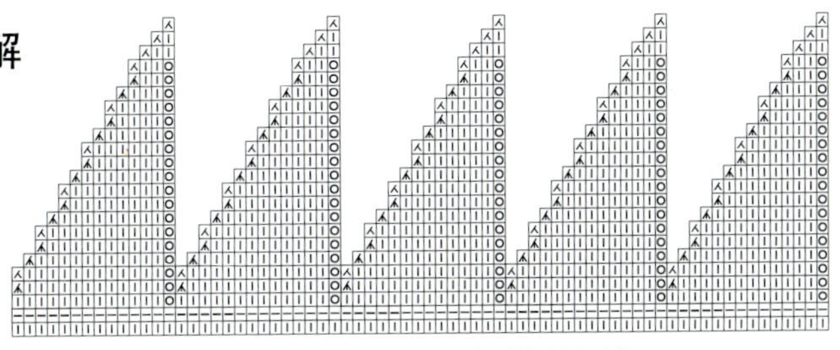

五边75针螺旋花图解

作品J螺旋花帽子图解

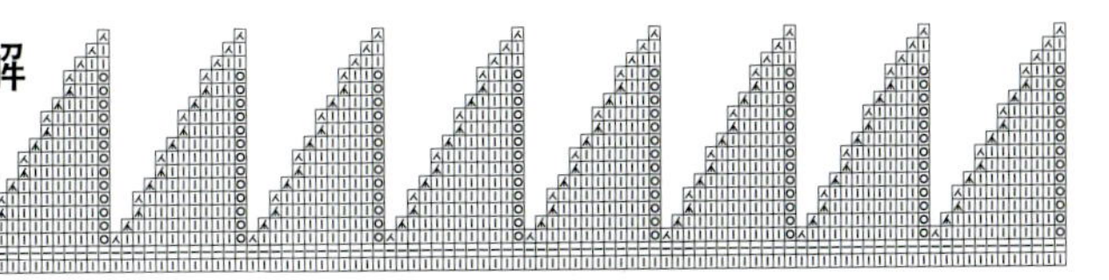

帽顶八边96针螺旋花图解

2
太阳花

温暖的太阳花带给人们的是热情和希望，让我们一起来学习钩织吧!

准备好材料和工具:

【材料】黑色开司米1股，橘黄色细羊仔毛线3股。

【工具】1.5mm钩针一根。

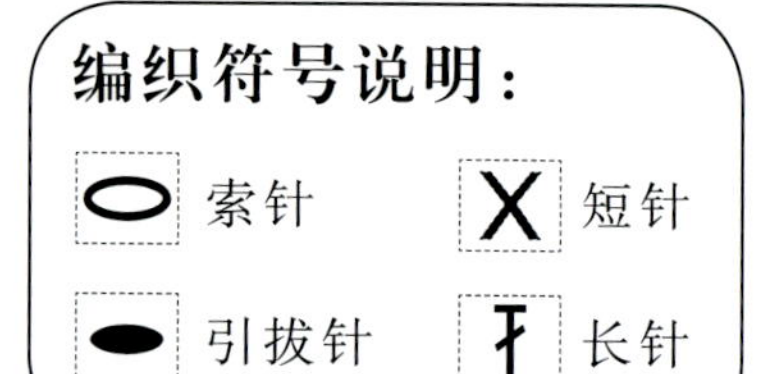

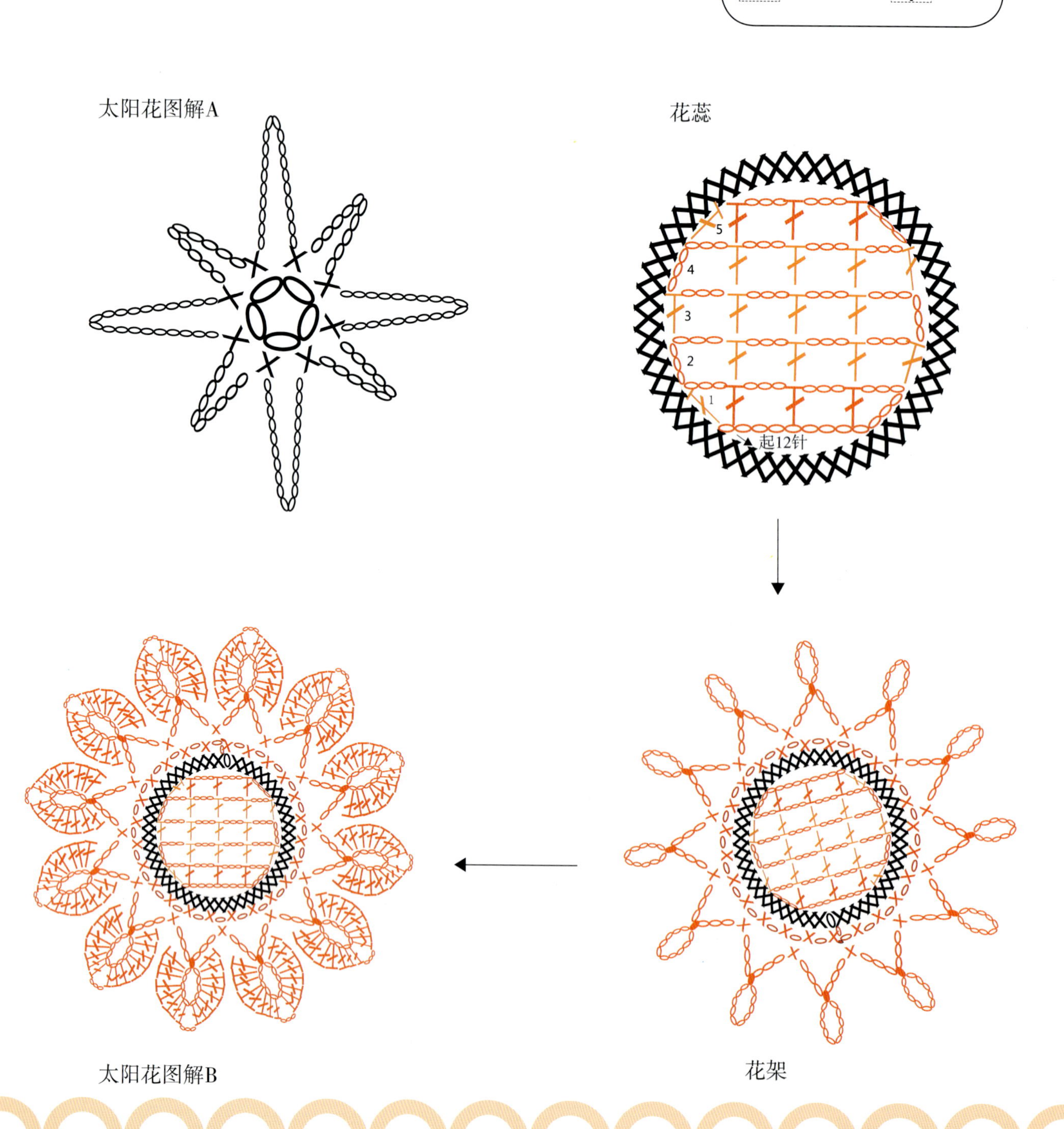

按照分步图解钩太阳花

图1 起钩15针锁针，回至倒数第7针钩1个长针，3针辫子针，1个长针，共3组，钩完第一行。

图2 翻过来钩3针锁针立起，替代1个长针。

图3 接着钩3针辫子针，1个长针，共4组，钩完第2行（4个方格）。

图4 第3~4行，同第2行一样，来回钩4个方格。

图5 第5行，翻过来钩3针锁针，接着钩1个长针。注意这里不是方格。

图5 接着钩3针辫子针，1个长针，共钩2个方格。最后钩1个长针（注意这里也不是方格）。

图7 用黑色线钩一圈48个短针。图中数字分别表示要钩的短针数。6个格分别钩4个短针，8个格分别钩3个短针，总共48个短针。

图8 黑色线钩完一圈48个短针，用引拔针连接。

图9 可以继续用黑色线钩一圈1个锁针和1个短针，共24组，用引拔针连接。

图10 换黄色线钩花架，先钩14针辫子针。

图11 回至正数第4针，钩1个引拔针。

图12 钩完引拔针，又钩3针辫子针，再钩1个连接的短针，1个花架完成。

图13　已经钩了4个花架。

图14　钩完一圈12个花架，用引拔针连接。

图15　继续钩几针引拔针至花瓣处，钩3针锁针立起，代替第1个花瓣的第1个长针。

图16　钩了半个花瓣，即第1个替代长针加7个长针及中间的辫子针。

图17　钩好了1个花瓣，每个花瓣由16个长针及中间的3针辫子针组成。

图18　钩好了2个花瓣。

图19　钩好12个花瓣，引拔针连接。

图20　3朵花的效果图。

图21　太阳花的效果图。

花的连接

花与花的连接采用顺便拼接法，第1朵花钩完整，其余的花用最外一圈花瓣，与钩好的花，边钩边连接，如图22；当花朵之间空洞太大时，就需要另钩1朵花来拼接，又称填心拼接法，如图23。

图22　顺便拼接法连接后的效果。

图23　填心拼接法连接后的效果。

3

雏菊花

美丽的雏菊花，有玫红的浪漫，米色的典雅，灰色的成熟，更有那五彩的绚丽。我相信，每一个热爱编织的朋友，都会囤有一些零星散线，而五彩雏菊花的钩织，不仅能让你的囤线派上用场，更能为你带来美的享受。现在，就请随着我的教程，备好工具、线材，开始钩吧。

【材料】黑色细毛线和白色开司米毛线及各色细毛线。

【工具】1.5mm钩针一根。

编织符号说明：

锁针　短针　长针

引拔针　狗牙针

长针3针的枣形针

雏菊单元花分为A花和B花，我们按照图解，可以先分别钩花蕊，再钩花瓣，最后钩连接部分。注意花的色彩搭配。

【钩织方法】

（1）用彩色线按照图解分别钩A花和B花的花蕊部分。

（2）用白色开司米毛线钩花瓣。

（3）按照结构图A花和B花错开排列，用黑色线钩连（注意除了第1朵花钩完整外，其余的花分别钩至最外一圈时，与钩好的花拼接）。

※此花隐藏的线头多，是个细致耐心的工作，考验你哦！

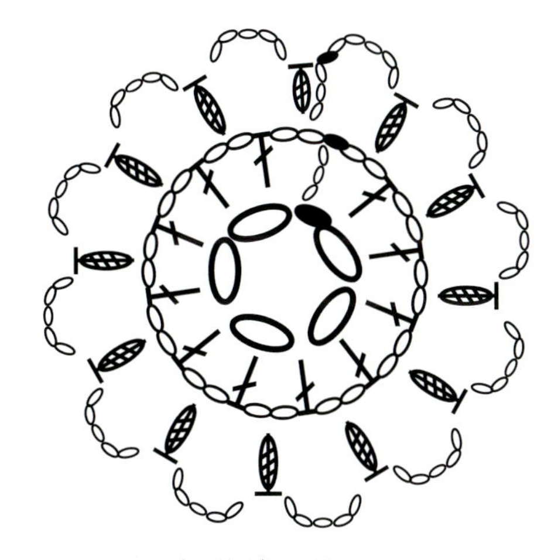

雏菊单元花A

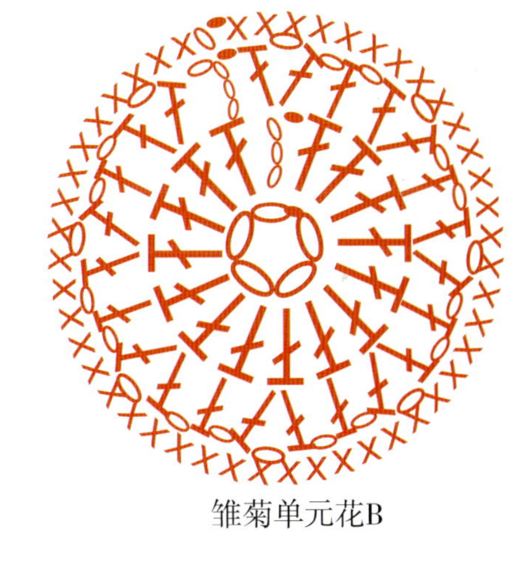

雏菊单元花B

A花配色
1~2彩色
3~白色
4~6黑

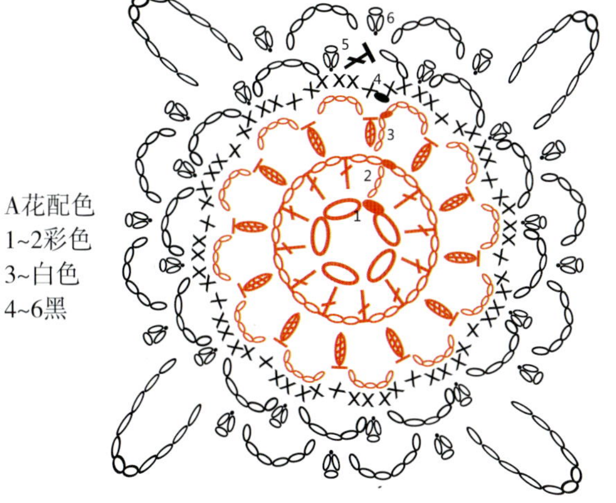

雏菊单元花图解A

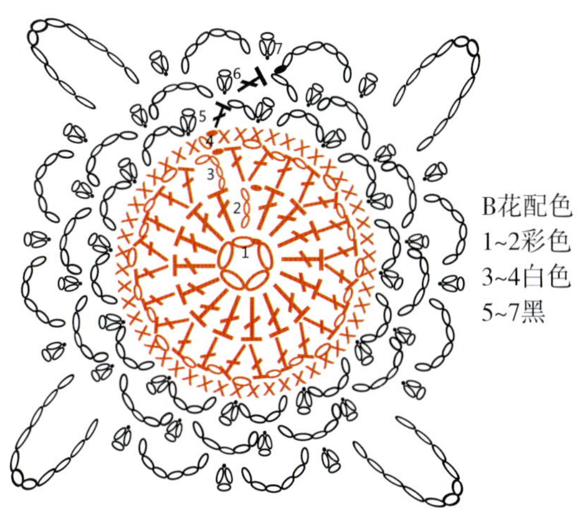

雏菊单元花图解B

B花配色
1~2彩色
3~4白色
5~7黑

按照雏菊单元花图解A和B进行钩编

图1 用彩色线分别钩A花和B花的花蕊部分。
A花：5个锁针成圈，再钩12个长针，第1个长针用3针辫子针替代。每2个长针间隔2针锁针。
B花：5个锁针成圈，再钩16个长针。第1个长针用3针锁针替代。

图2 用白色线钩A花的花瓣，3针长针组合的蜜枣针为1个花瓣，注意第1个花瓣的第1个长针是3针锁针替代的，每2个花瓣之间钩5个辫子针。

图3 已经钩完A花的12瓣蜜枣针，可以断线暂停。

图4 用白色线钩B花的24个长针，即隔1针加出1个长针，第1个长针是3针锁针替代的。

图5 钩完一圈长针，又接着钩一圈48个短针，用引拔针连接，断线暂停。

图6 A花和B花各钩好1朵花蕊和花瓣部分。

图7 继续钩另外两朵花的白色部分。

图8 4朵花的花蕊和花瓣部分钩完。A花钩了图解中的3圈；B花钩了图解中的4圈。

图9 换黑色线钩A花的第4圈，每瓣之间钩5个短针。

图10 这一圈共钩60个短针，用引拔针连接。

图11 黑色线钩A花的第5圈网格，即5针辫子针，1个狗牙针，共12组。

图12 注意连接是钩2针锁针和1个长针，替代5针辫子针。

图13 黑色线钩A花最后一圈，即6针辫子针间隔1个狗牙针。注意四角分别钩11针辫子针。

图14 一朵A花完工，这是第一朵花，要钩完整。

图15 用黑色线钩B花的第5圈，4针辫子针，1个狗牙针，共12组。即每隔3个短针钩1组。

图16 B花第5圈钩完，注意连接处，钩2个锁针和1个中长针。

图17 B花第6圈钩5针辫子针和1个狗牙针，共12组，与上一圈成网状连接。

图18 B花第6圈注意与钩好的A花连接。从1个角开始连，先钩5针辫子针。

图19 短针连接后，又钩5针辫子针。

图20 两边呈之字形连接，钩3针辫子针，1个短针和狗牙针。角上钩5针辫子针，短针连接，又钩5针辫子针，把后面钩补完。

图21 A花和B花各一朵连接的效果图。

图22 准备连接第3朵花，角落都是钩5针辫子针。注意花的连接是错开排列的。

图23 第3朵花连接完，要继续钩补完后面的边。

图24 已经连接完3朵花。

图25 连接第4朵花。依旧先钩5针辫子针，短针连接。

图26 连接好1个边，继续连接4朵花的中心点及另一个边。

图27 第4朵花已经连接完，要继续钩补完边角。

图28 雏菊花4朵连接后的效果图。

雏菊花的几种配色效果图

五彩雏菊的绚丽

米色的典雅

深蓝色与灰色的成熟

玫红的浪漫

4 双色拼花

复杂而又好看的双拼钩花，单是看这分步图解就让人纠结，别气馁，请随我一步步来吧！

双色拼花步骤图解

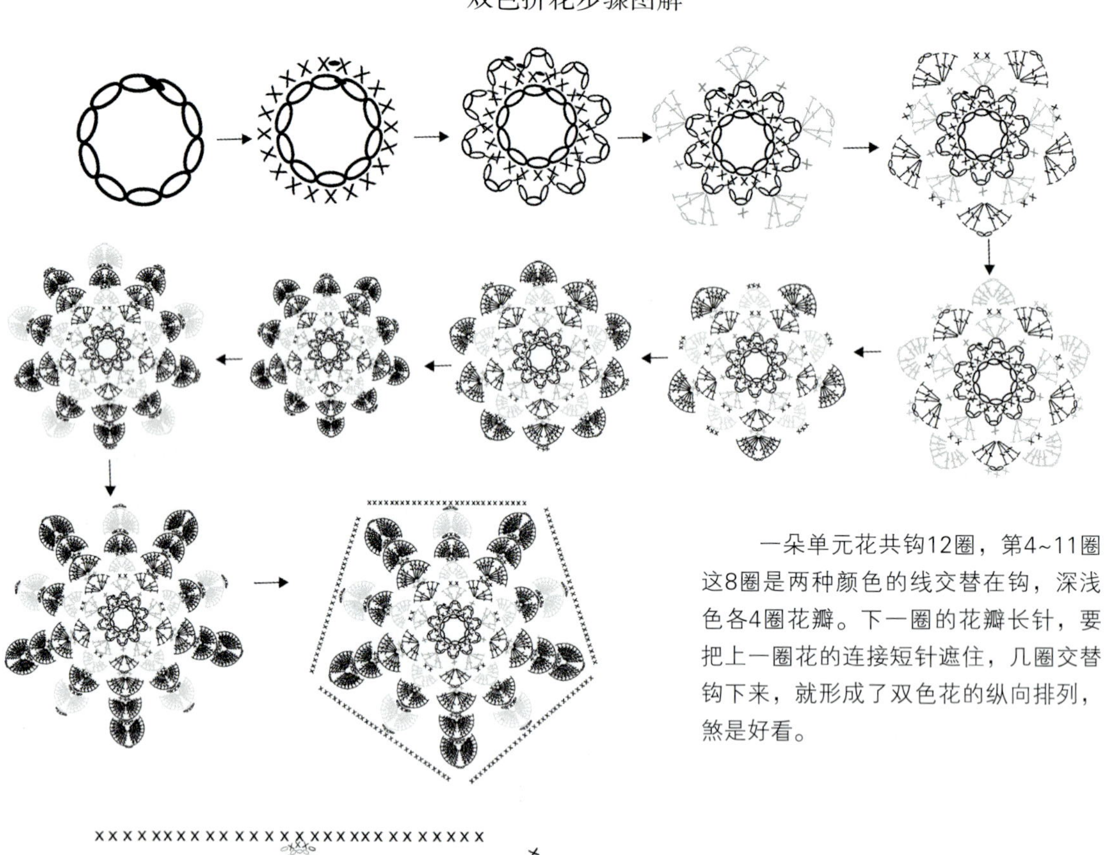

一朵单元花共钩12圈，第4~11圈这8圈是两种颜色的线交替在钩，深浅色各4圈花瓣。下一圈的花瓣长针，要把上一圈花的连接短针遮住，几圈交替钩下来，就形成了双色花的纵向排列，煞是好看。

编织符号说明：

符号	名称	符号	名称
○	锁针		长长针
●	引拔针		3个卷曲长针
X	短针		4个卷曲长针
	长针		5个卷曲长针

↑ 编织方向

按照分步图解钩双色拼花

图1 起钩10针锁针，用引拔针连接成圈。

图2 钩20个短针，用引拔针连接。

图3 钩3针锁针1个短针，共10组。每圈的头尾连接没有特别说明，都要用引拔针连接成圈。

图4 换浅色线钩1个短针和1个花瓣，共5组。每个花瓣由4个长针，中间间隔2针辫子针组成。

图5 浅色线钩完第一层的5个花瓣，用引拔针连接。

图6 绿色线钩第2层的花瓣，每个花瓣由6个长针及间隔的2针辫子针组成。花瓣之间钩2个短针。注意第1个花瓣的第1个长针，是钩3针锁针立起代替的。

图7 绿色线钩完第2层的5个花瓣，用引拔针连接。

图8 浅色线钩第3层的花瓣，每个花瓣由8个长针及间隔的3针辫子针组成。花瓣之间钩3个短针（注意浅色线是由绿色线钩引拔针带至位的）。

图9 绿色线钩第4层的第1个花瓣时，先钩4针锁针立起，代替1个长长针。

图10 绿色线钩好第4层的4个花瓣，这层每个花瓣由10个长长针及间隔的3针辫子针组成。花瓣之间钩3个短针。

图11 绿色线钩完第4层的花瓣，用引拔针连接。

图12 浅色线钩第5层的花瓣，每个花瓣由12个卷绕3下的长针及间隔的3针辫子针组成。花瓣之间钩3个短针。

图13 浅色线钩完第5层的5个花瓣，用引拔针连接。

图14 绿色线钩第6层的花瓣，每个花瓣由14个卷绕4下的长针及间隔的3针辫子针组成。花瓣之间钩1个锁针，3个短针，再1个锁针。

图15 绿色线钩完第6层的5个花瓣，用引拔针连接。

图16 钩了半个花瓣，即第1个替代长针加7个长针及中间的辫子针。

图17 浅色线钩完第7层的5个花瓣，用引拔针连接。

图18 绿色线钩第8层的第1个花瓣时，先钩7个锁针立起，代替1个卷绕5下的长针。

图19 钩完替代针，接着钩8个卷绕5下的长针及中间的3针辫子针。

图20 绿色线钩完第8层的1个花瓣，每个花瓣由18个卷绕5下的长针及间隔的3针辫子针组成。花瓣之间钩1个锁针，3个短针，再1个锁针。

图21 绿色线钩完第8层的5个花瓣，用引拔针连接。

图22 绿色线钩1圈短针，每边钩28个短针，用引拔针连接，1朵花完工。

图23 双色钩花的效果图。如果要连接，除了第1朵花钩完整，其余的花，留最后的短针，与钩好的花边钩边连接。

第三章

欣赏篇

A

MeiHongChuJuBeiXin

玫红雏菊背心

浪漫的玫红雏菊花，
如同你那灿烂的笑容，绽放在这万物复苏的春天里。

B

LuoXuanHuaLiuSuPiJian

螺旋花流苏披肩

段染色彩的**螺旋花披肩**，加上长长的流苏装饰，美丽亦**动感**。

C
BaiSePinHuaPiJian

白色拼花披肩

纯洁的**白色**散发着优雅的气息，美丽的**拼花**演绎着纯真无邪的**典雅**气质。

D

YanLiTaiYangShan

艳丽太阳衫

艳丽的**太阳衫**，仿佛充满了**阳光**的味道，穿着它，心情也随之明快起来。

Xuan Zhi Mei

旋之魅

黑色是经典色，更何况时尚的**螺旋花**演绎。

F

DianYaChuJuHua

典雅雏菊花

典雅的配色，**简洁**的风格，流露出雅致与大气。

钩编结合的创意混搭，柔和低调的
深浅驼色，展现出别样的异域风采。

FengWeiShanJuLuoXuanHua

凤尾山菊螺旋花

H

ShuNuPinHuaYi

淑女拼花衣

典雅的配色，诠释出**淑女**的细节。

马海毛与**蕾丝**的组合，让这款凤尾开衫，在内敛与经典间找到了最契合的**完美**点。

I

YaZhiFengWeiShan

雅致凤尾衫

J

HuanCaiLuoXuanHua
幻彩螺旋花

要穿出不同的**风范**，帽子的搭配也是重点。

K
ChuJuLiangJianZuHe
雏菊两件组合
深蓝与灰色的搭配，舒雅庄重。

裙摆及胸前的螺旋花设计，流露出这套衣裙的别样风韵。

L

LuoXuanHuaLaBaQunLiangJianTao

螺旋花喇叭裙两件套

M

LanSeLoukongHuaTaoTouShan

蓝色镂空花套头衫

亮丽的蓝色，**别致**的领口，和泡泡袖的演绎，让你成为一道**风景**。

N
WuCaiChuJuYi
五彩雏菊衣
五彩雏菊花为神秘的黑色
平添了几许妩媚。

6
BoLangLuoXuanYi
波浪螺旋衣
变形的螺旋花，不规则的衣摆设计，
带给你一份休闲时尚感。

P
LuXuanQun

绿旋裙

在清凉的季节，性感和时尚可以完美地结合。

2
HuaLiLuoXuanZuHe

华丽螺旋组合

牡丹、凤尾花的完美结合，**时尚**而别致，穿出你的不凡**个性**。

R
DanFengYi
丹凤衣

V XingHuaYuanLingShan

V形花圆领衫

好看的**花形**，好看的颜色，流行的**七分袖**，独具特色。

C

V XingHua V LingShan

V形花V领衫

V形花加上V形领，看着就觉得闲适。

高贵神秘的紫色，胸前菱形花的设计，使穿者既精神又优雅。

U

ZiSeGuiHuaBeiXin

紫色桂花背心

V
LuoXuanHuaLianXiuPiJian
螺旋花连袖披肩
咖啡色的柔和基调，因为螺旋花的演绎，在这静谧的季节，散发着迷人、温暖的气息。

W

ShuangSePinHuaBianFuShan

双色拼花蝙蝠衫

宽松的蝙蝠衫，因为**双色拼花**、不规则下摆及皮草边的演绎，兼顾**时尚**与温暖。

X
CaiHongLuoXuanHuaPiJian
彩虹螺旋花披肩
美丽的彩虹色，因为螺旋
花的点缀，将温度与时髦
都一起囊括。

Y

LuoXuanZuHeZhuang

螺旋组合装

色彩的旋转，带来的是浓郁的**波西米亚风情**组合。

7

SheHuaPiCaoYi
奢华皮草衣

不是皮草胜似**皮草**，
两种纱线的融合，成就了雍容
华贵的气质。

A'

LuoXuanHuaTieDaiLianMaoYi

螺旋花贴袋连帽衣

螺旋花贴袋的设计，使这件连帽衣，**简约**中又透出**时尚**。

B'

MeiLiPiCaoPiJian
魅力皮草披肩

黑色百搭，晚宴中不可或缺的**亮眼**装饰。

A 玫红雏菊背心

【成品规格】 衣长52cm，胸围80cm

【材　　料】 黑色双股细棉麻线和玫红色单股开司米线，共175g

【工　　具】 1.0mm钩针1根

【钩编方法】

（1）按照图解和结构图钩A和B两种单元花。除了第一朵花钩完整外，其余的花，留最外一圈与钩好的花，边钩边连接。（注意A花和B花要错开连接）。

（2）分别钩衣摆、领口和袖口的边。

编织符号说明：

- 锁针
- 短针
- 长针
- 引拔针
- 狗牙针
- 长针3针的枣形针

雏菊背心结构图（前后片一样）

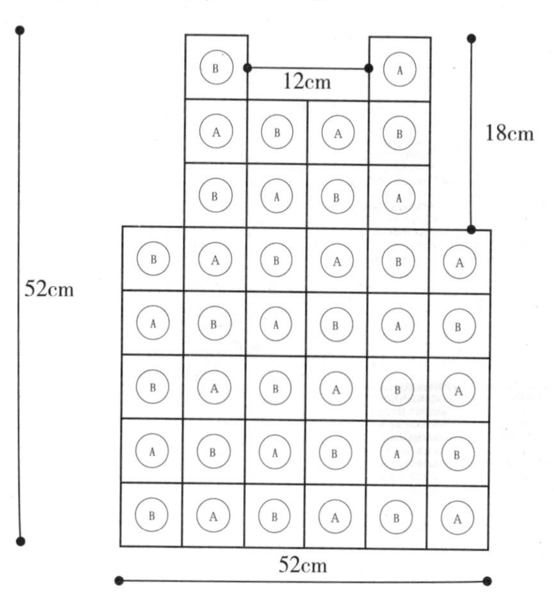

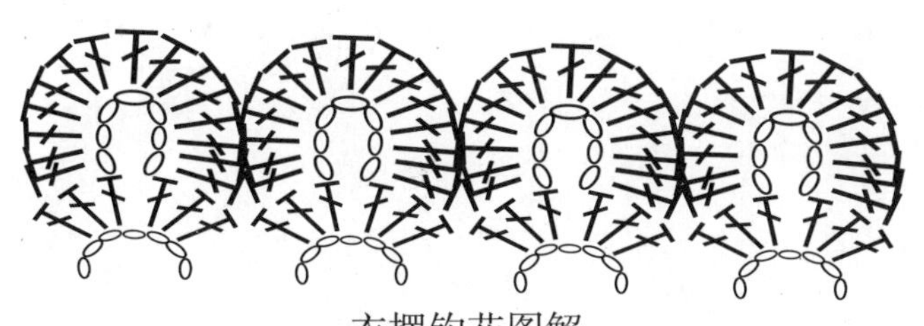

衣摆钩花图解

领口和袖口边沿钩花图解

A花配色
1~3玫红
4~6黑色

雏菊单元花图解A

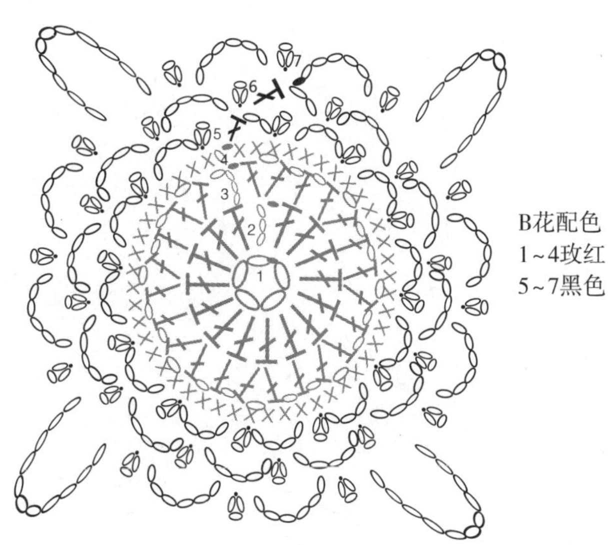

B花配色
1~4玫红
5~7黑色

雏菊单元花图解B

ℬ 螺旋花流苏披肩

【成品规格】披肩长141cm（流苏），宽64cm（流苏）
【材　　料】段染中粗毛线500g
【工　　具】11号棒针4根，2.0mm钩针1根，剪刀1把（剪流苏）
【钩编方法】

（1）按照图解和结构图，一线连织51朵螺旋花。

（2）用剪刀把毛线剪成每根20cm长的线段，再把每根线段对折，用钩针沿着披肩边沿，分别钩入穿好，做成10cm长的流苏。

编织符号说明：

下针	空针
上针	左上2针并1针
左上3针并1针	

披肩结构图

121cm

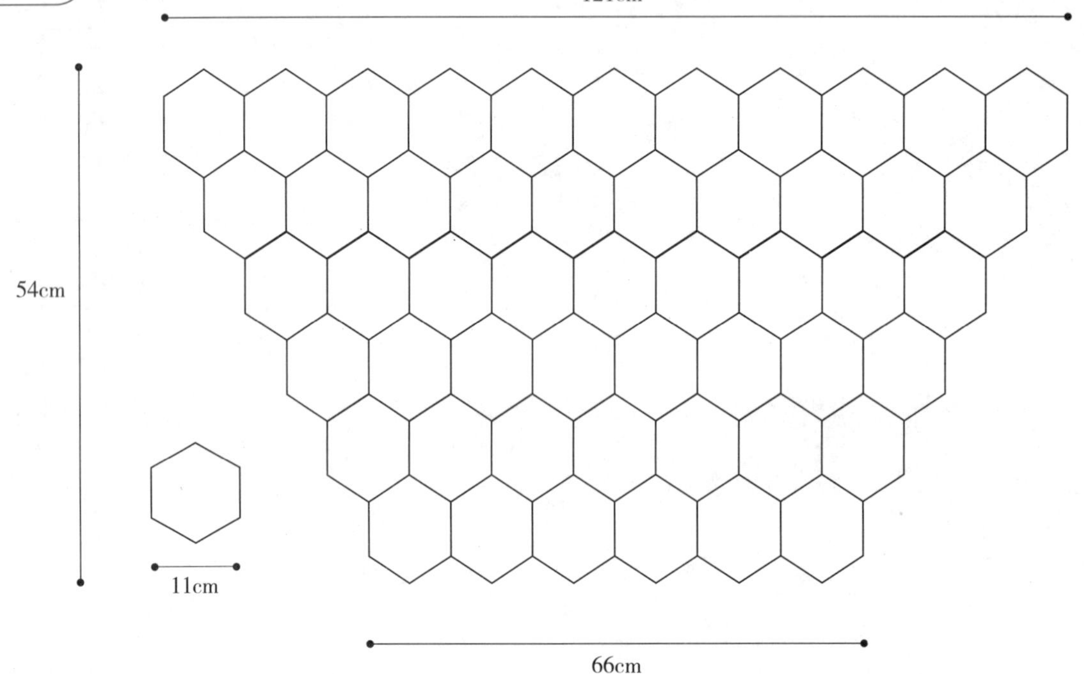

20cm长的线段做流苏

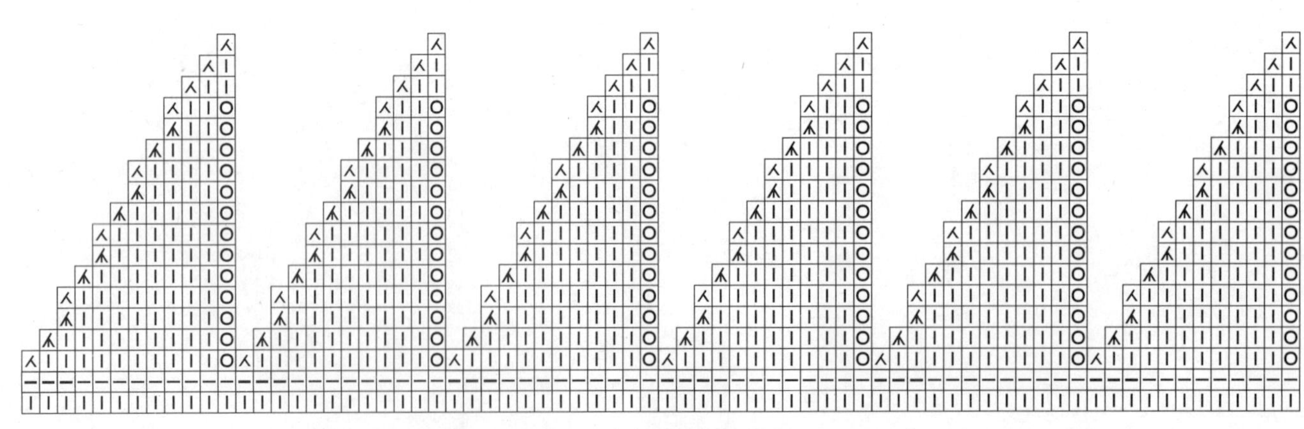

六边72针螺旋花图解

C 白色拼花披肩

【成品规格】 披肩长90cm
【材　　料】 白色马海毛线250g
【工　　具】 2.0mm钩针1根
【钩编方法】

（1）按照图解A和结构图，钩45朵单元花连接成等边三角形（注意除了第1朵单元花钩完整外，其余的花最外一圈，用顺便拼接法与钩好的花连接）。

（2）按照图解B钩披肩的边沿。

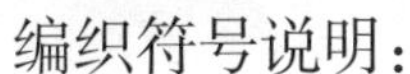

锁针　短针

引拔针　长针

长针3针并1针

披肩结构图

90cm

10cm

边沿图解B

花的顺便拼接

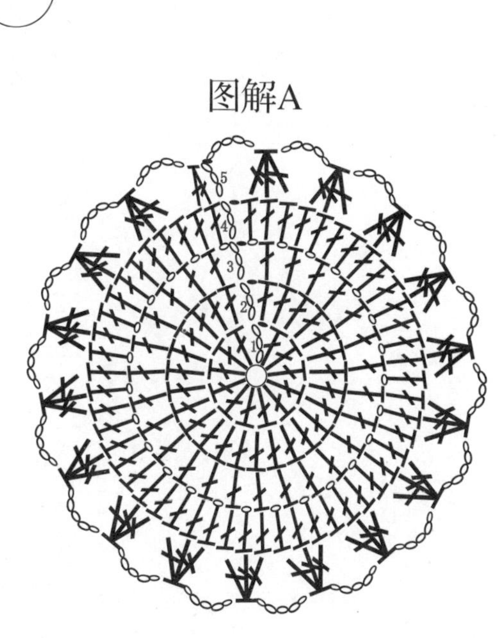

图解A

D 艳丽太阳衫

【成品规格】衣长50cm，宽44cm
【材　　料】黑色开司米1股，橘黄色细羊仔毛线3股，总体用线175g
【工　　具】1.5mm钩针一根
【钩编方法】

（1）按照图解A和结构图，钩太阳花32朵（注意色彩的搭配，除了第1朵花钩完整，其余的花用最外一圈，与钩好的花边钩边连接）。

（2）用黑色开司米，按照图解B，拼接已经钩好的图解A（填心拼接法，参照图解C）。

（3）钩领口和袖口边沿。

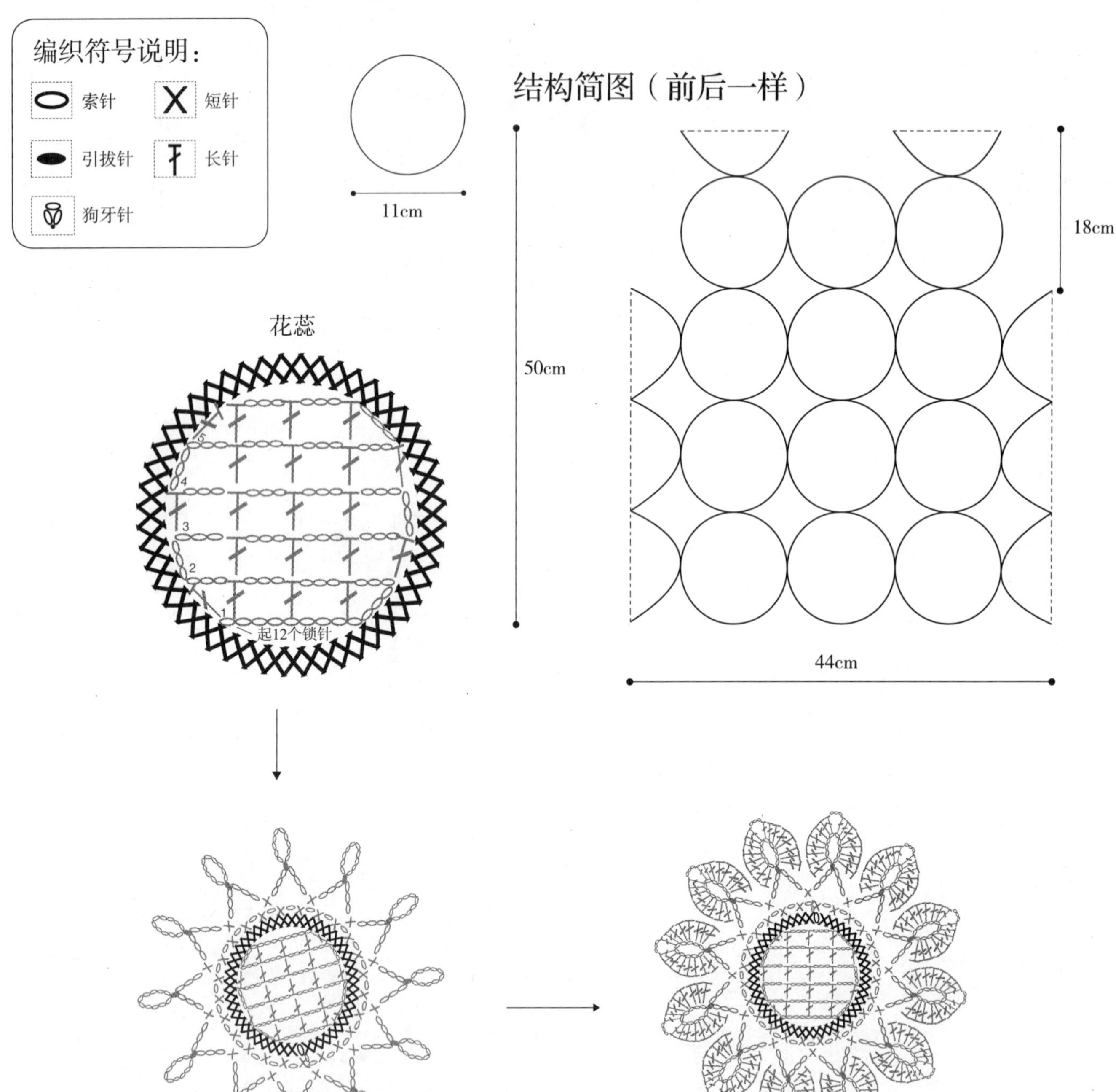

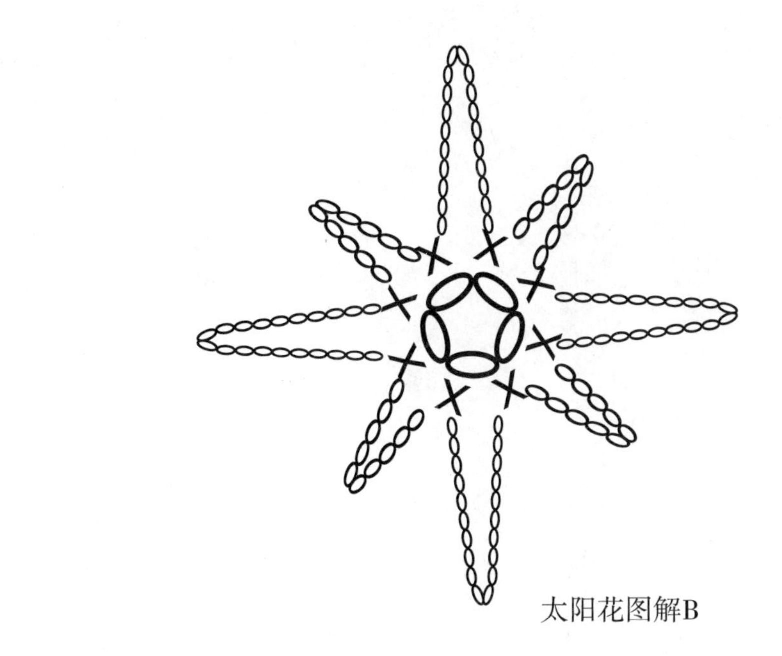

太阳花图解B

领口和袖口边沿图解

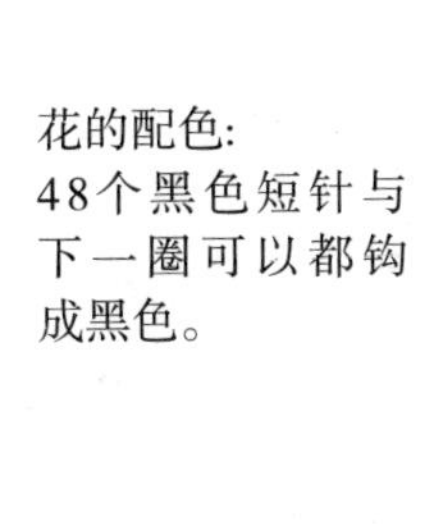

花的配色:
48个黑色短针与下一圈可以都钩成黑色。

太阳花连接的图解C

ℰ 旋之魅

【成品规格】衣长53cm，胸围88cm，挂肩21cm

【材　　料】鄂尔多斯黑色细羊毛线175g

【工　　具】13号棒针4根，1.0mm钩针1根。

【钩编方法】

（1）按照图解A和结构图一线连织49朵花。

（2）按照图解C分别钩衣摆，领口和袖口边沿。

（3）按照图解B钩两对胸前绑带。

编织符号说明：

- 丨 下针
- Ｏ 空针
- 一 上针
- 左上2针并1针
- 锁针
- 左上3针并1针
- 引拔针
- X 短针
- 长针
- 长针1针分成2针

旋之魅衣结构图

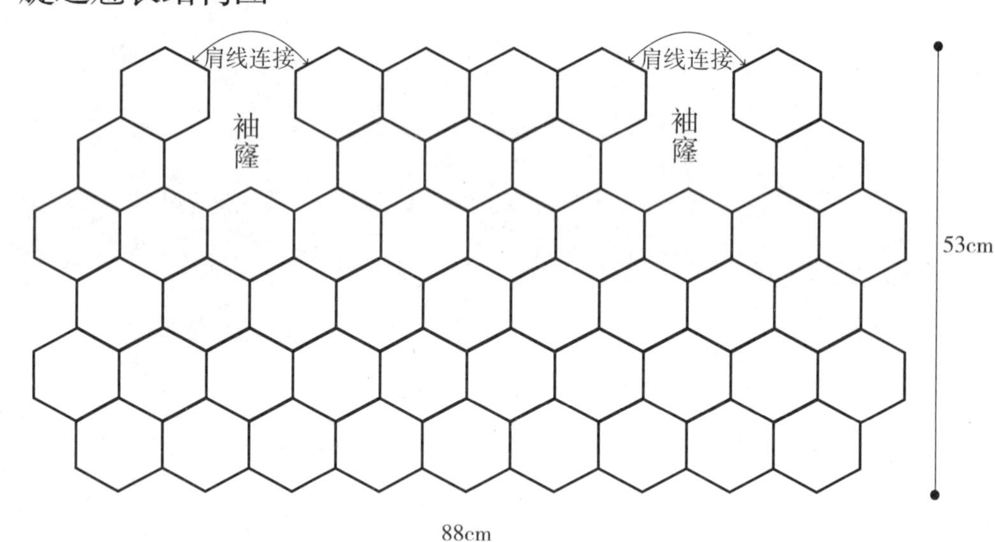

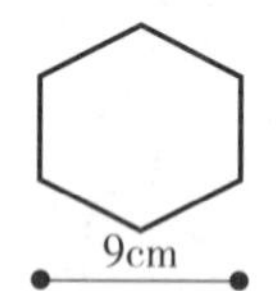

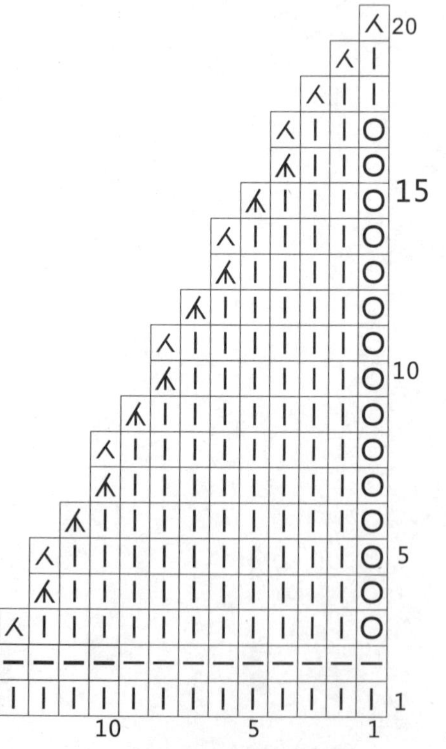

图解A　六边78针螺旋花单边图解

图解B　胸前装饰绑带的图解

图解C　边沿图解

F 典雅雏菊花

【成品规格】 衣长54cm，胸围84cm，挂肩19cm

【材　　料】 黑色夹丝棉麻线和米色开司米毛线，总体用量150g

【工　　具】 1.0mm钩针1根

【钩编方法】

（1）用浅色线按照图解钩A花和B花的浅色部分。

（2）按照结构图，A花和B花错开排列，用黑色线钩连（注意除了第1朵花钩完整外，其余的花分别钩至最外一圈时，与钩好的花拼接）。

（3）沿着衣衫边沿，钩扇形狗牙边以及胸前饰带。

编织符号说明：

- 锁针
- 短针
- 长针
- 引拔针
- 狗牙针
- 长针3针的枣形针

平面展开结构图

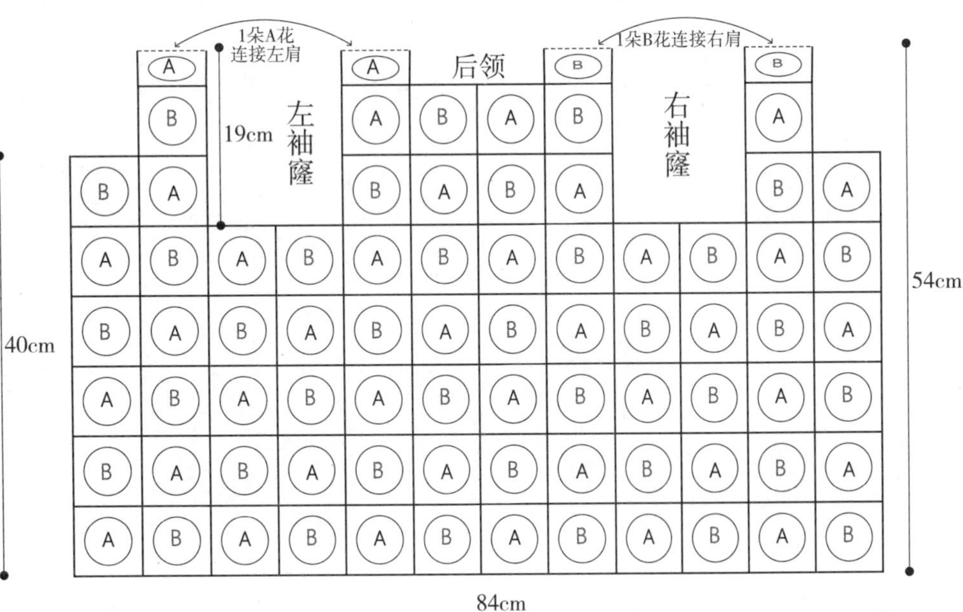

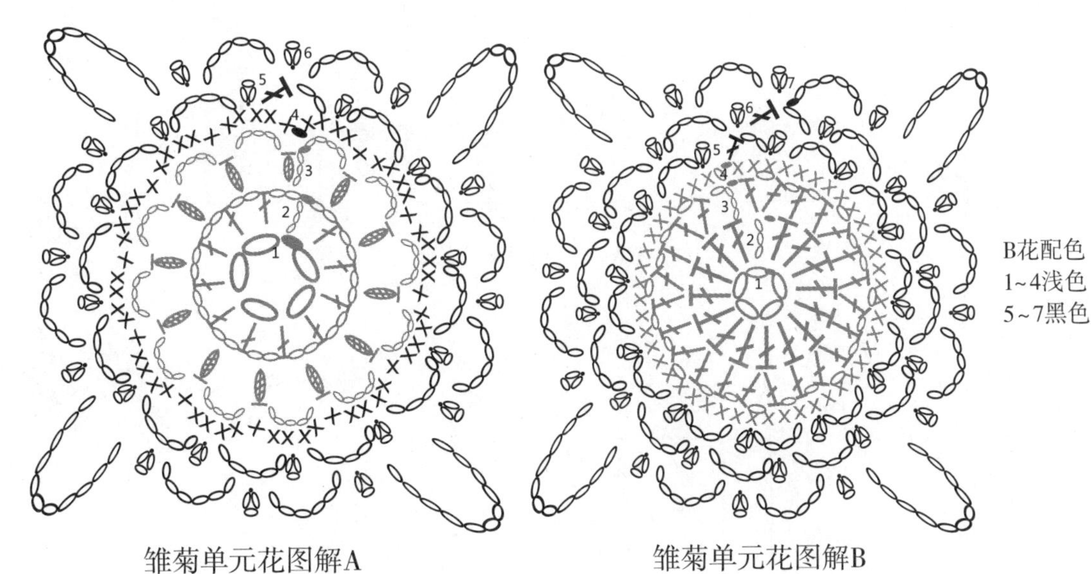

雏菊单元花图解A

雏菊单元花图解B

装饰钩花

雏菊拼花衣边沿钩花图解

G 凤尾山菊螺旋花

【成品规格】 衣长50cm，胸围80cm

【材　　料】 鄂尔多斯细羊毛线深浅驼色250g

【工　　具】 13号棒针和环针各1副，1.0mm钩针1根

【钩编方法】

（1）按照图解A和结构图，用棒针织10朵螺旋花直线连接，共织两条。

（2）按照图解B和结构图分别织后片和腋下的凤尾花（注意中间边织边收的连接法）。

（3）按照图解C钩4朵山菊花连接前片。

（4）钩一圈衣衫边沿。

编织符号说明：

- | 下针
- — 上针
- O 空针
- 锁针
- 引拔针
- 左上2针并1针
- 右上拔收1针
- 左上3针并1针
- □ = | = 1针下针
- X 短针
- 长针
- 编织方向

前后片结构简图

配色：
除了螺旋花是浅驼色，其他的都是深驼色。

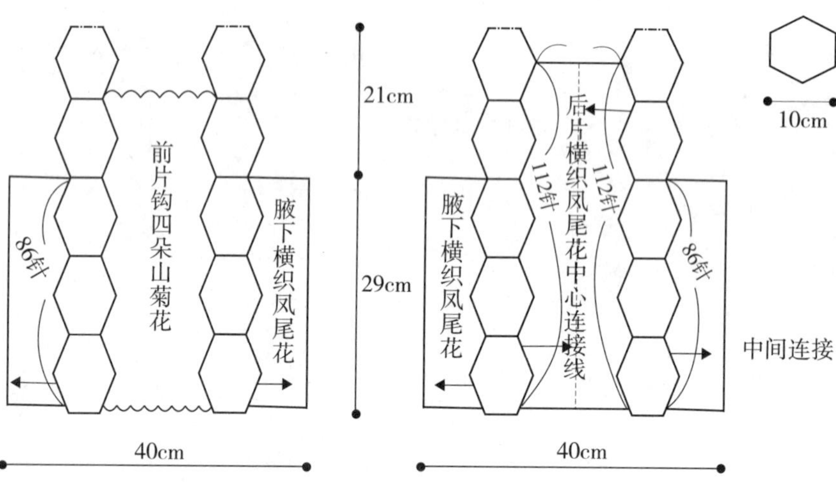

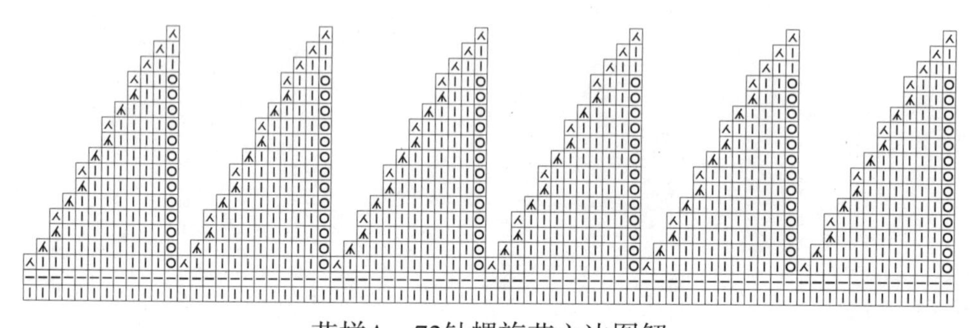

花样A　72针螺旋花六边图解

凤尾花是随着螺旋花的起伏加收针

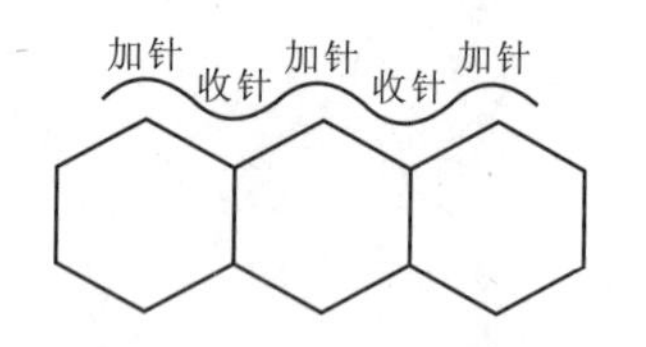

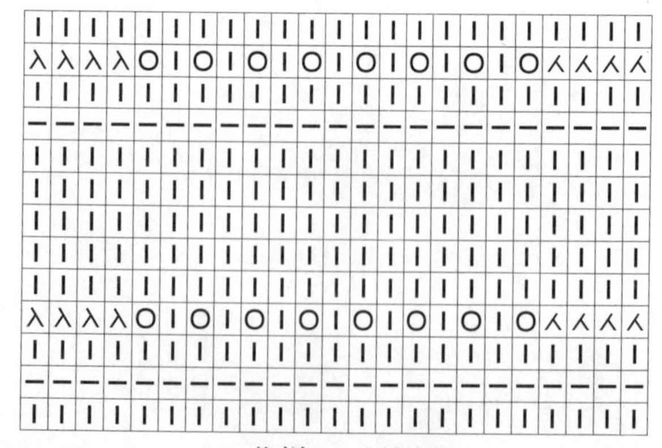

花样B　凤尾花

凤尾花中心线的连接如下图

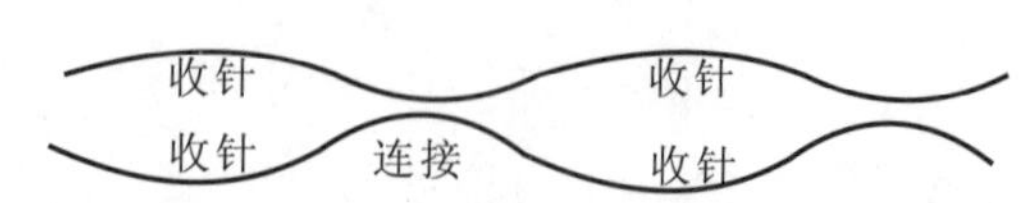

后背和腋下的凤尾花，分别横织，一边织完整套收边，另一边留最后一行与织好的边织边连，形成扇叶状的镂空。

山菊花钩法（以九瓣花为例，其他类推）

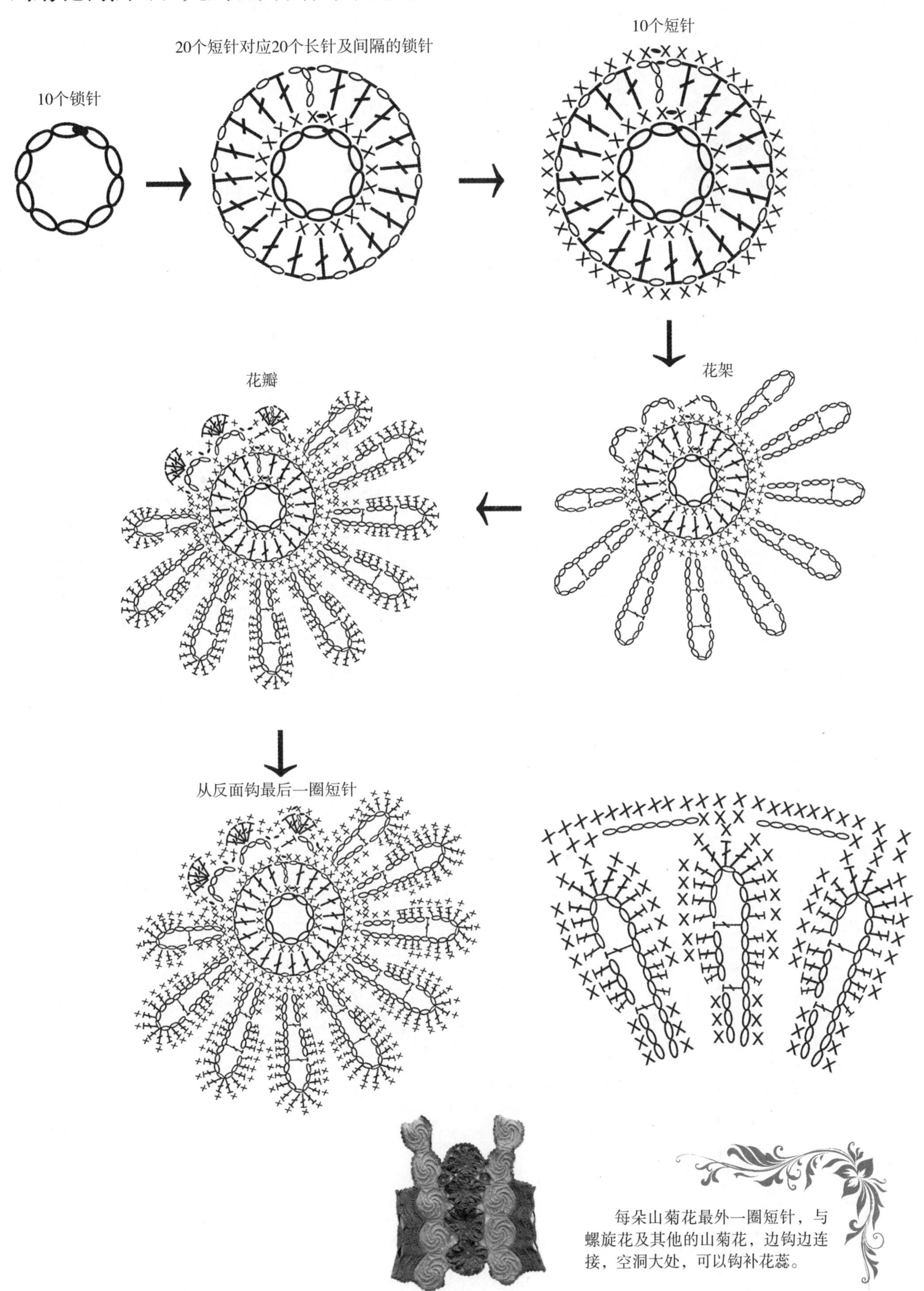

每朵山菊花最外一圈短针，与螺旋花及其他的山菊花，边钩边连接，空洞大处，可以钩补花蕊。

H 淑女拼花衣 设计者：刘美丽

【成品规格】 衣长64cm，胸围84cm，挂肩21cm，袖长53cm，领围52cm
【材　　料】 灰色马海毛线200g，白色细毛线150g
【工　　具】 1.5mm钩针1根，扣子6颗
【钩编方法】

（1）按照图解和结构图钩衣片和袖子，注意花的配色和连接。

（2）用灰色马海毛线钩衣边和袖口边沿。注意左门襟留出扣眼，衣边沿转角处每行加针形成圆角。

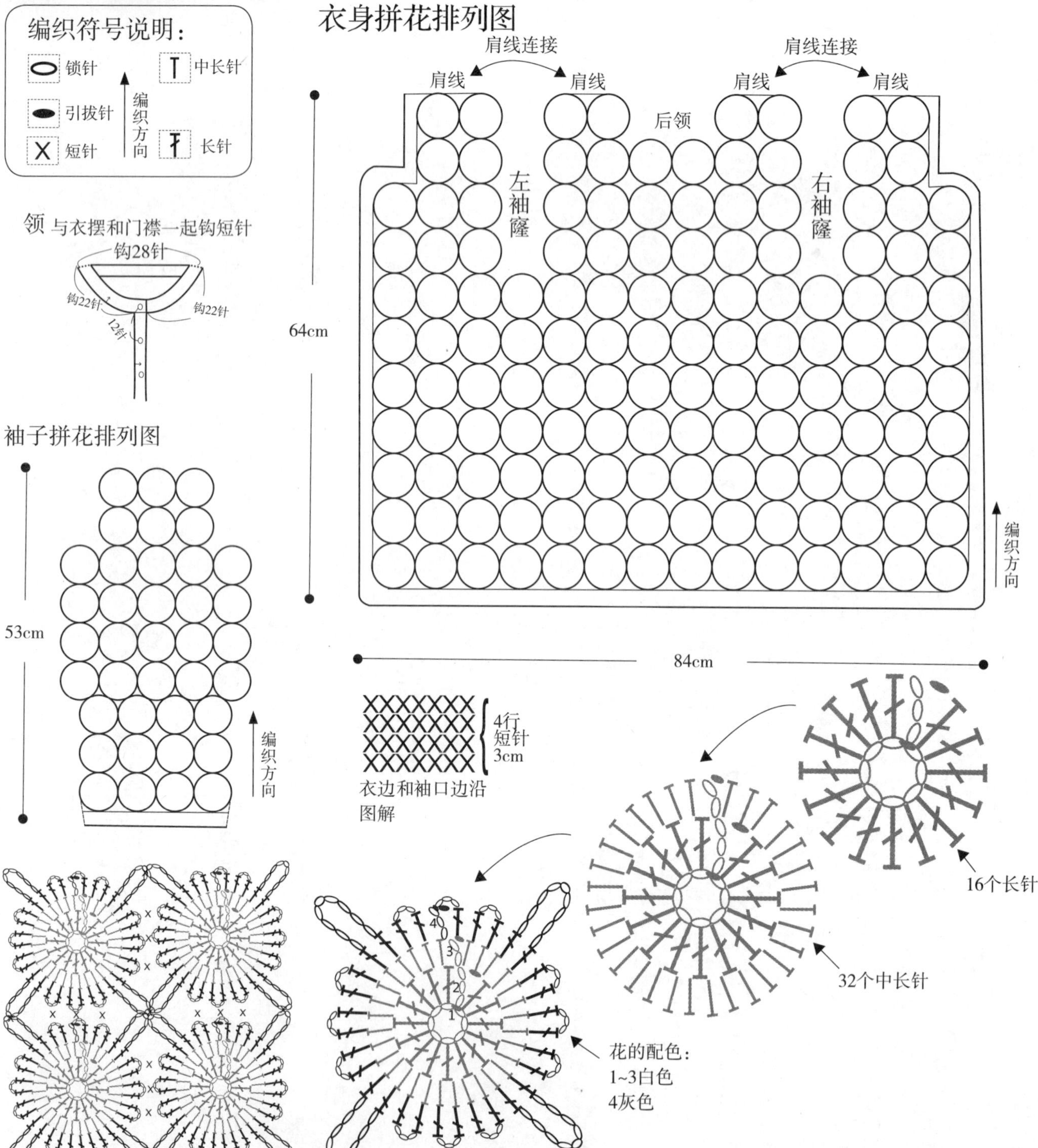

I 雅致凤尾衫

设计者：刘美丽

【成品规格】衣长70cm，胸围90cm，挂肩22cm，袖长62cm

【材　　料】白色马海毛线370g，灰色蕾丝线30g

【工　　具】11号棒针1副，2.0mm钩针1根，毛衣缝针1枚

【钩编方法】

（1）按照图解和结构图，从下往上分片编织花样A，注意蕾丝线的间隔。

（2）缝合织好的衣片和袖片。

（3）用钩针和蕾丝线，沿着衣摆、门襟、领子钩花样C短针边沿。

编织符号说明：

- 丨 下针
- 一 上针
- O 空针
- X 逆短针　X 短针
- ⋏ 左上2针并1针
- ⋋ 右上拨收1针
- ↑ 编织方向

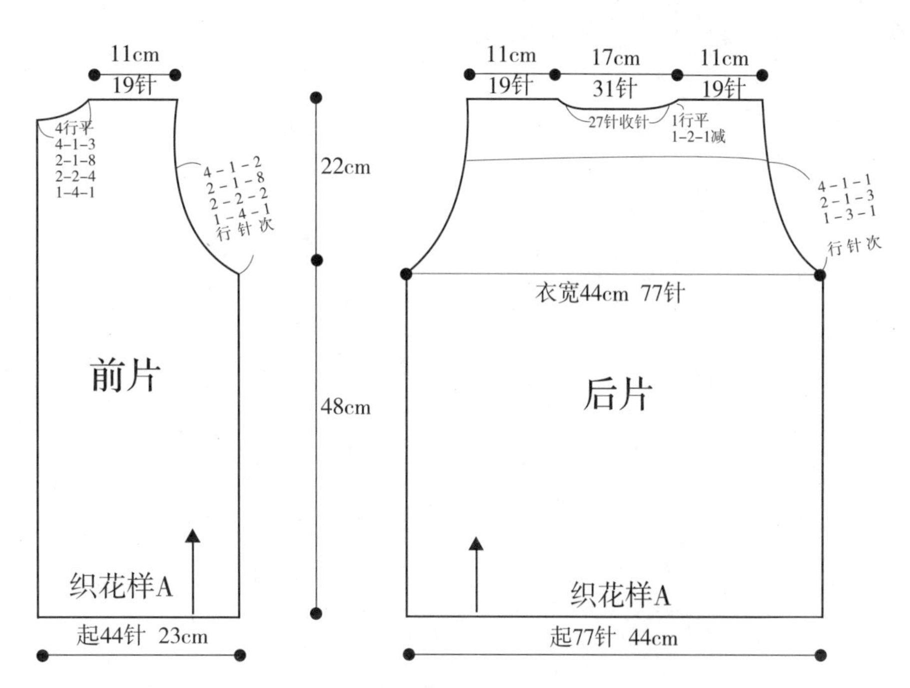

花的配色

花的配色
2行蕾丝
16行本白色
2行蕾丝
16行本白色

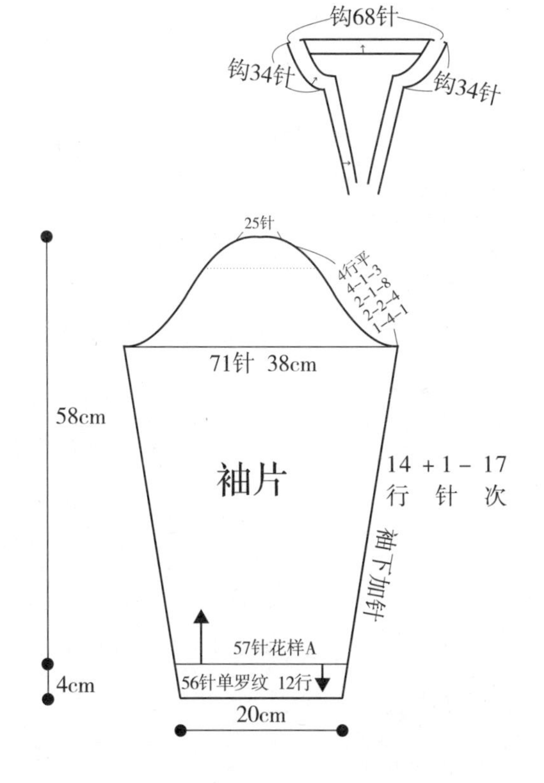

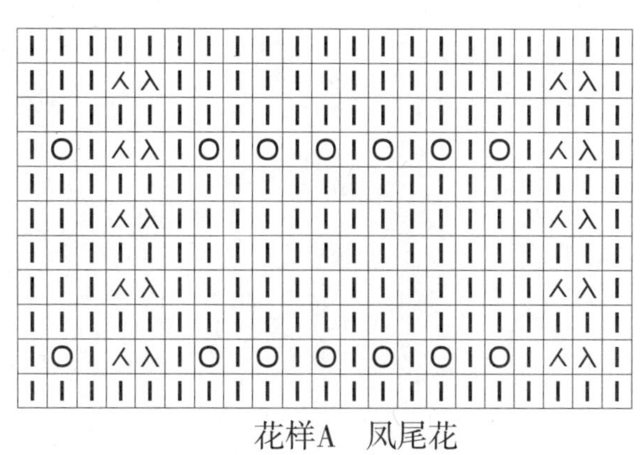

花样A　凤尾花

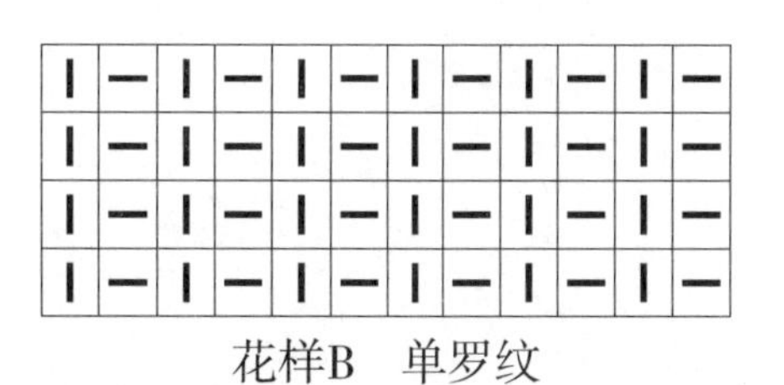

花样B　单罗纹

花样C

J 幻彩螺旋花

【成品规格】披肩边长99cm，帽围52cm

【材　　料】段染中粗毛线500g（披肩400g，帽子100g），浅黄色毛线30g

【工　　具】11号棒针4根，2.0mm钩针1根

【钩编方法】

（1）按照图解A和结构图，一线连织45朵螺旋花。

（2）按照图解B、C和D及结构图，织八角桂花螺旋帽。

（3）钩披肩和帽子边沿以及饰带。

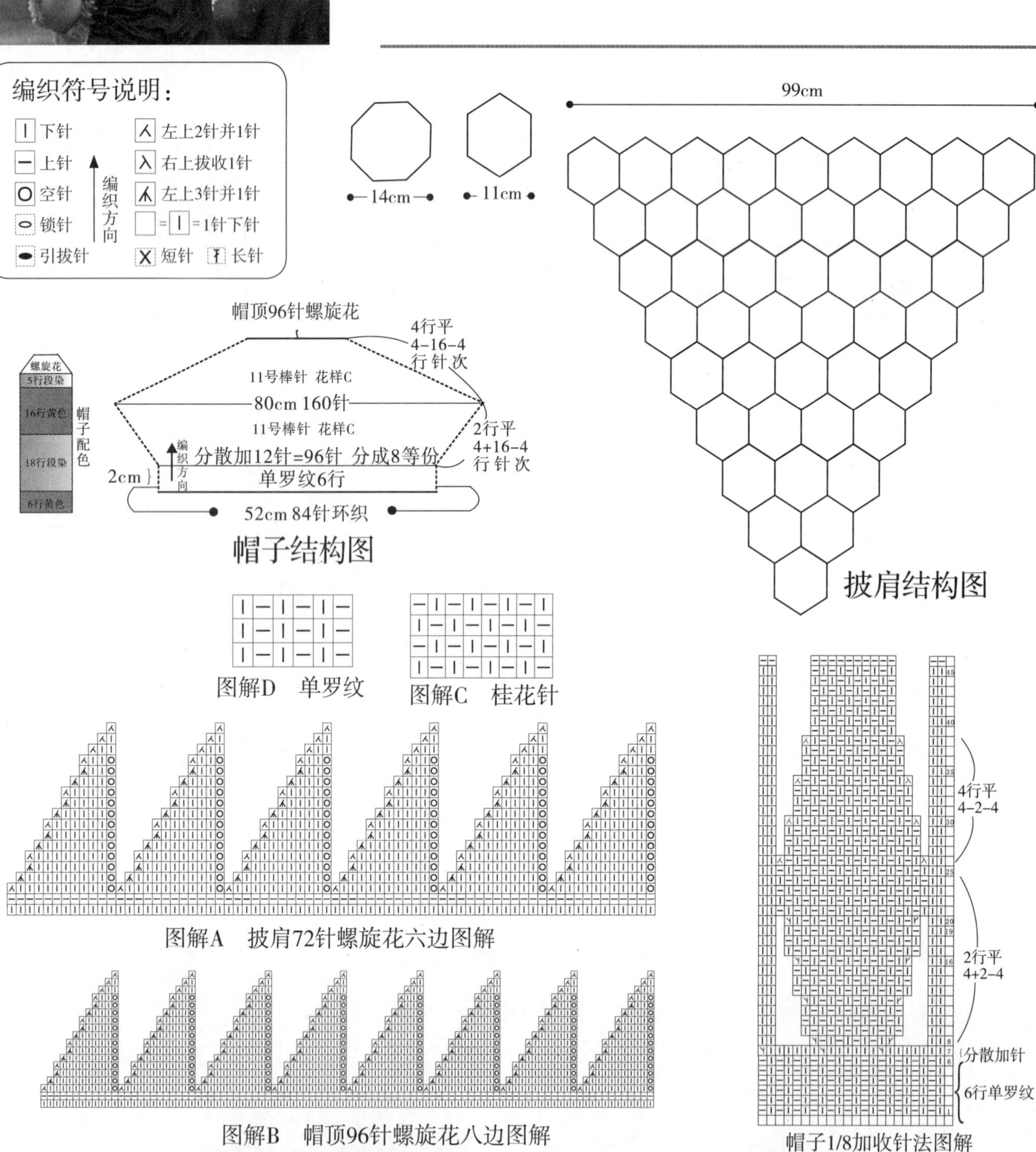

K 雏菊两件组合

【成品规格】衣长55cm，胸围84cm，挂肩22cm；围巾长98cm，宽16cm

【材　　料】深蓝色开司米和灰色细羊毛线，总体用量175g

【工　　具】1.5mm钩针1根

【钩编方法】

（1）用灰色线按照图解钩A花和B花的浅色部分。

（2）按照结构图A花和B花错开排列，用深蓝色线钩连（注意除了第1朵花钩完整外，其余的花分别钩至最外一圈时，与钩好的花拼接）。

（3）沿着衣衫和围巾边沿，钩一圈辫子狗牙边。雏菊花详解见教程篇。

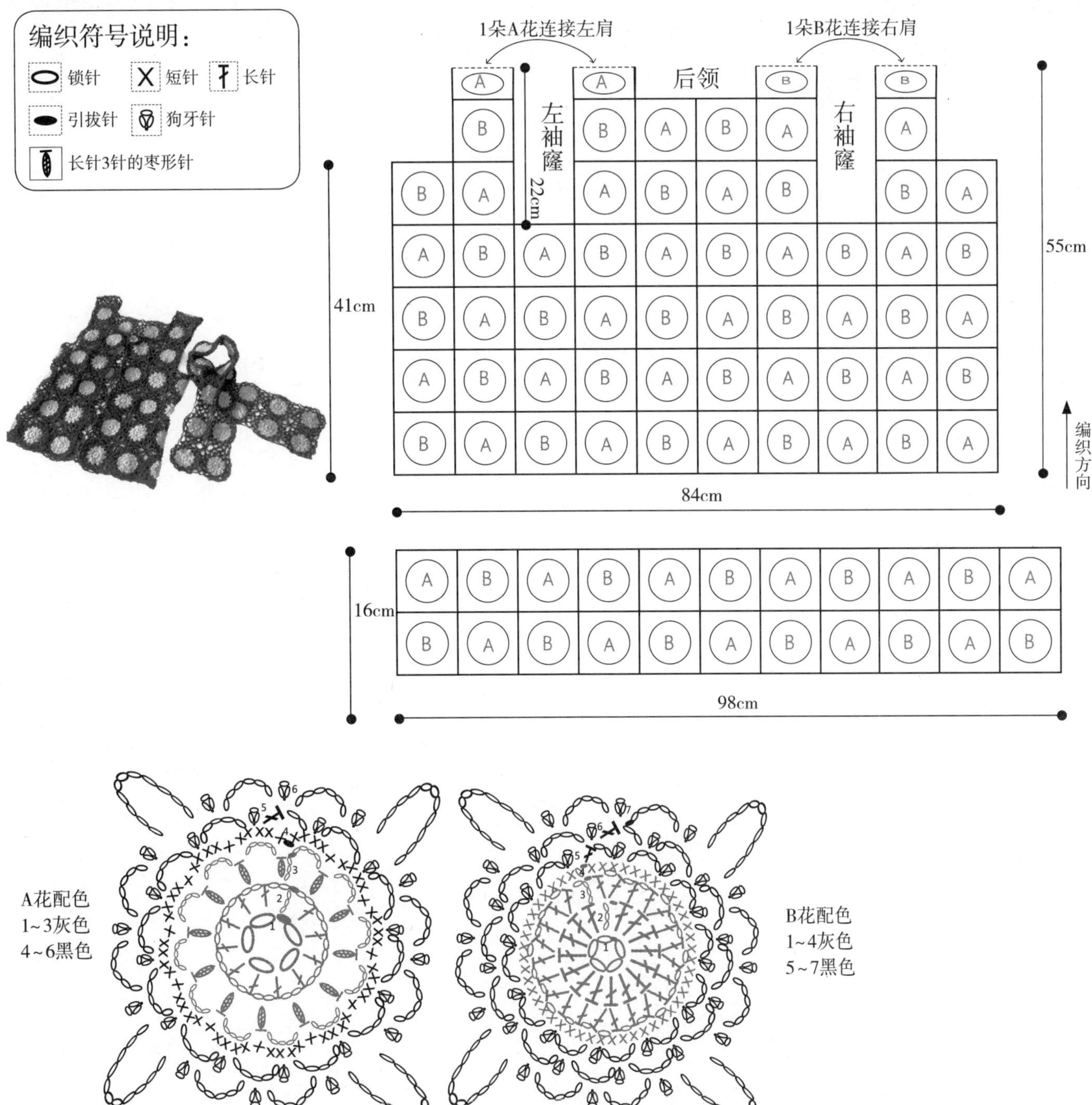

雏菊单元花图解A　　雏菊单元花图解B

边沿图解

𝓛 螺旋花喇叭裙两件套

【成品规格】 衣长53cm，胸围84cm，挂肩17cm，袖长45cm，背肩宽39cm；裙长60cm，腰围70cm

【材　　料】 枣红色中粗混纺毛线，衣用300g，裙用350g

【工　　具】 12号棒针和环针各1副，毛衣缝针1枚

【钩编方法】

（1）按照结构图，编织衣的前后片，然后缝合。

（2）依图示挑织袖子。袖管轮编，注意袖下减针。

（3）织领襟和衣领。

（4）织裙子的A片和B片缝合成喇叭状。

（5）按照裙子结构图织裙身和裙腰（注意10cm裙腰中间织一行狗牙针，5cm内折缝合成双层，穿松紧带）。

（6）按照图解A1和A2织两种不同规格的螺旋花，分别缝合。

（7）裙摆钩一圈逆短针，装饰亮片若干，点缀螺旋花中心。

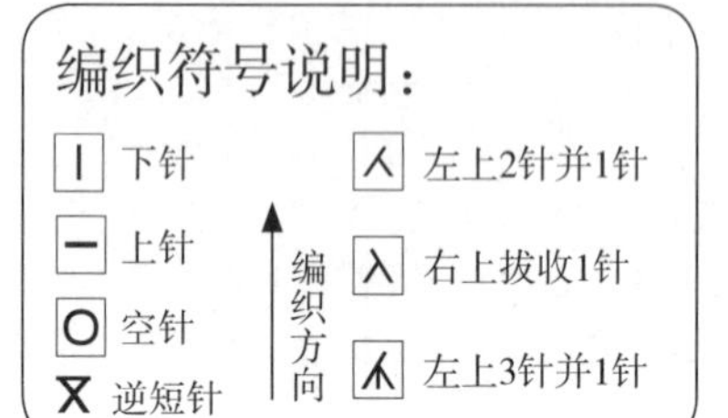

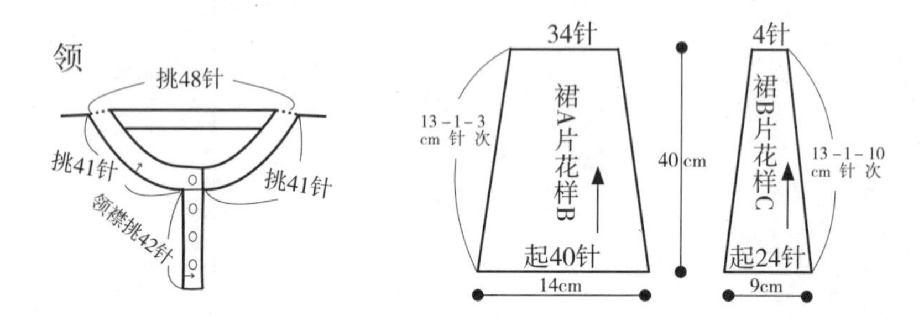

衣片结构图

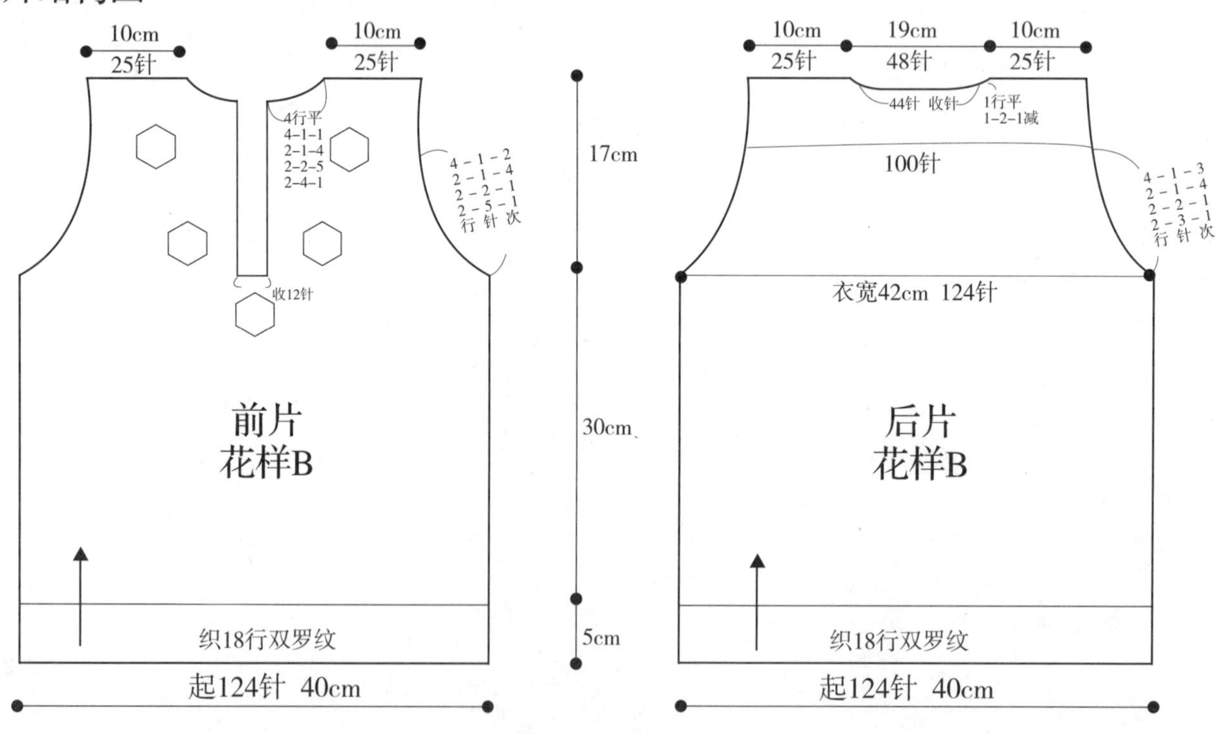

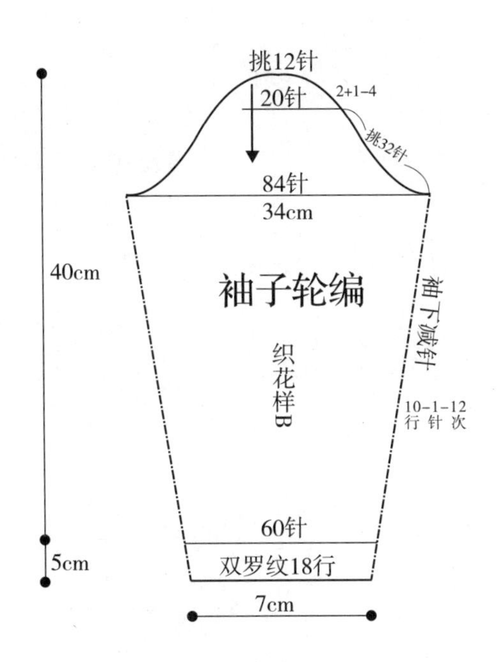

裙子结构简图

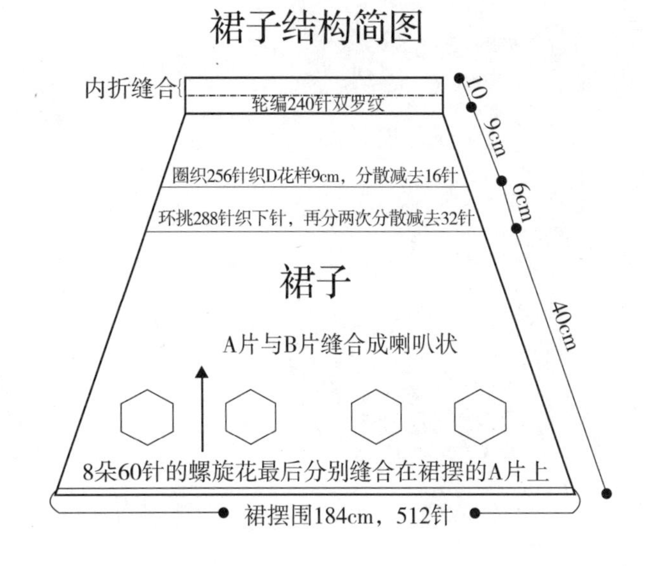

螺旋花喇叭裙组合装图解

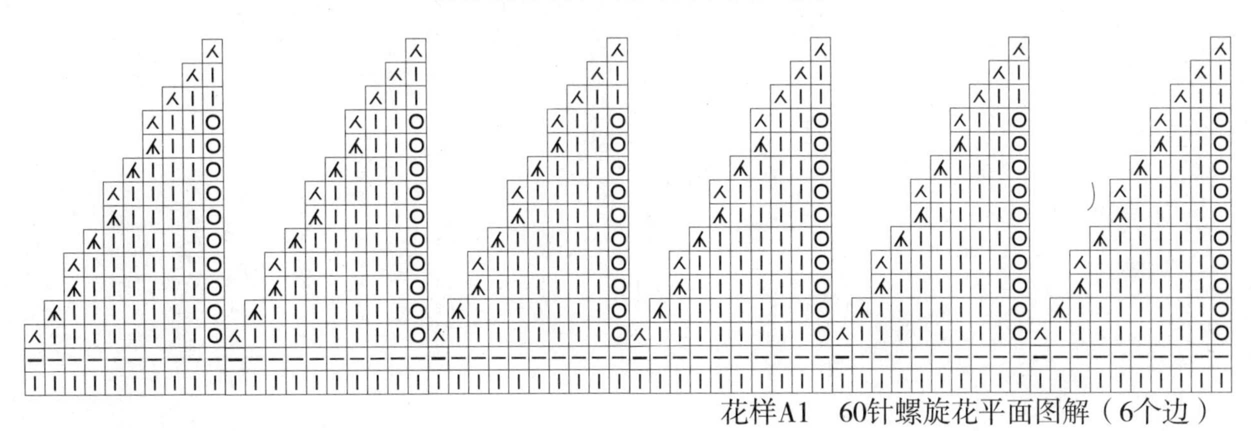
花样A1 60针螺旋花平面图解（6个边）

花样A2 54针螺旋花单边图解

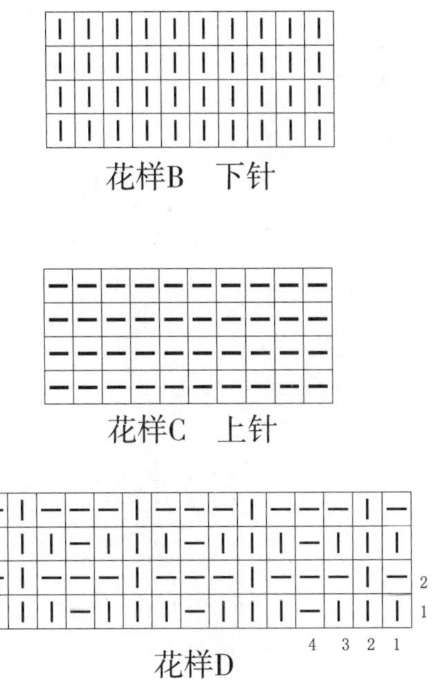
花样B 下针

花样C 上针

花样D

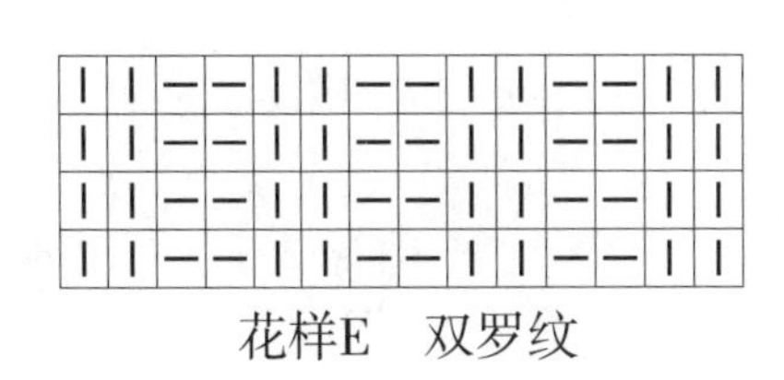
花样E 双罗纹

花样F 狗牙针

花样G 逆短针

M 蓝色镂空花套头衫

【成品规格】衣长53cm，胸围104cm，挂肩20cm，袖长48cm，背肩宽44cm，领围76cm

【材　　料】蓝色中粗毛线350g

【工　　具】11号棒针1副，毛衣缝针1枚，2.0mm钩针1根

【钩编方法】

（1）按照结构图和图解，从下往上分片编织前后片。

（2）袖片参照结构图由下而上用4根针轮编，袖下不加减针，注意袖山减针，最后余30针收针。

（3）缝合织好的衣片，注意袖子缝合成泡泡袖。

（4）挑织领子，钩一圈领边。

编织符号说明：

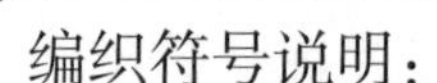

- 丨 下针
- 一 上针
- O 空针
- 长针
- X 短针
- 左上2针并1针
- 右上拔收1针
- 锁针
- 引拔针
- □=丨=1针下针
- 编织方向

结构图

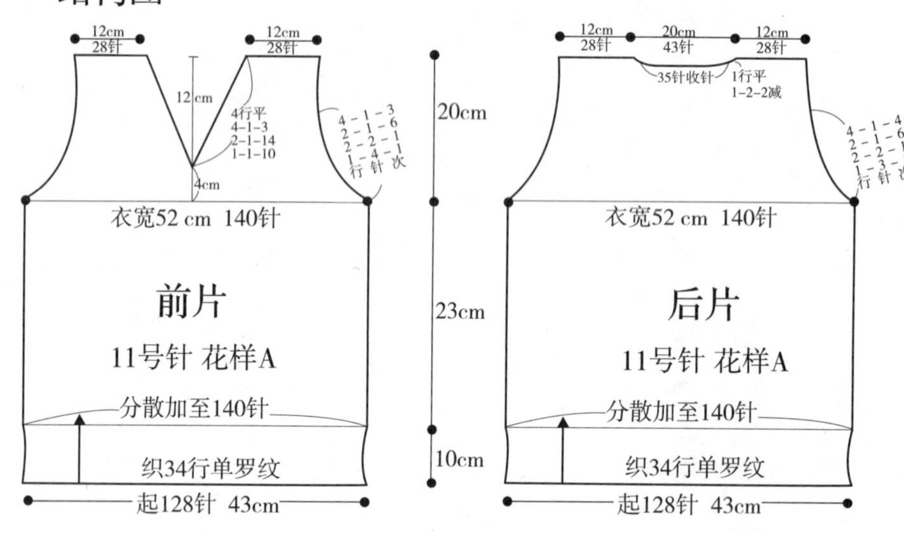

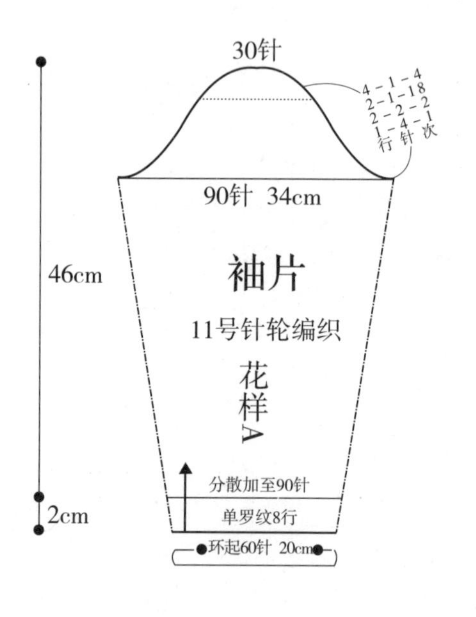

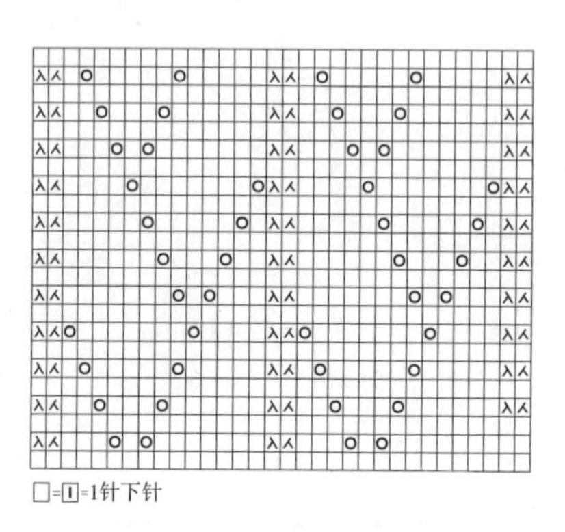

花样A　衣身和袖子的镂空花样

领

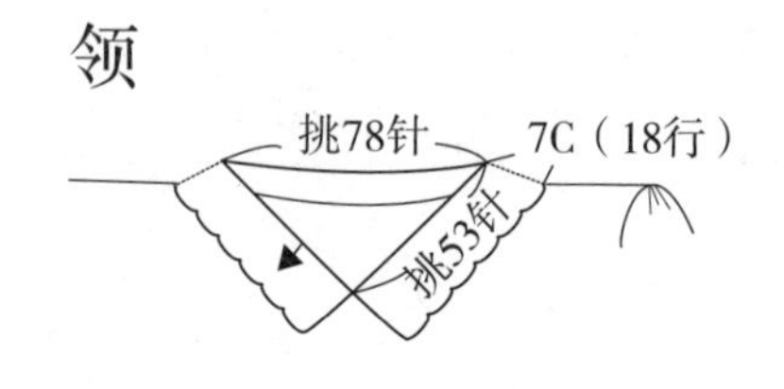

领子边沿图解

花样C　领子花样

花样B　单罗纹

N 五彩雏菊衣

【成品规格】衣长53cm，胸围80cm，挂肩20cm

【材　　料】黑色夹丝马海毛线和白色开司米及各色细毛线，总体用量150g

【工　　具】1.5mm钩针1根

【钩编方法】

（1）用彩色线按照图解钩A花和B花的花蕊部分。

（2）用白色开司米毛线钩花瓣。

（3）按照结构图A花和B花错开排列，用黑色线钩连（注意除了第1朵花钩完整外，其余的花分别钩至最外一圈时，与钩好的花拼接）。

（4）沿着衣衫边沿，钩一圈辫子狗牙针（此衣要隐藏很多线头，是个细致耐心的工作，考验你哦）。花的详解见教程篇。

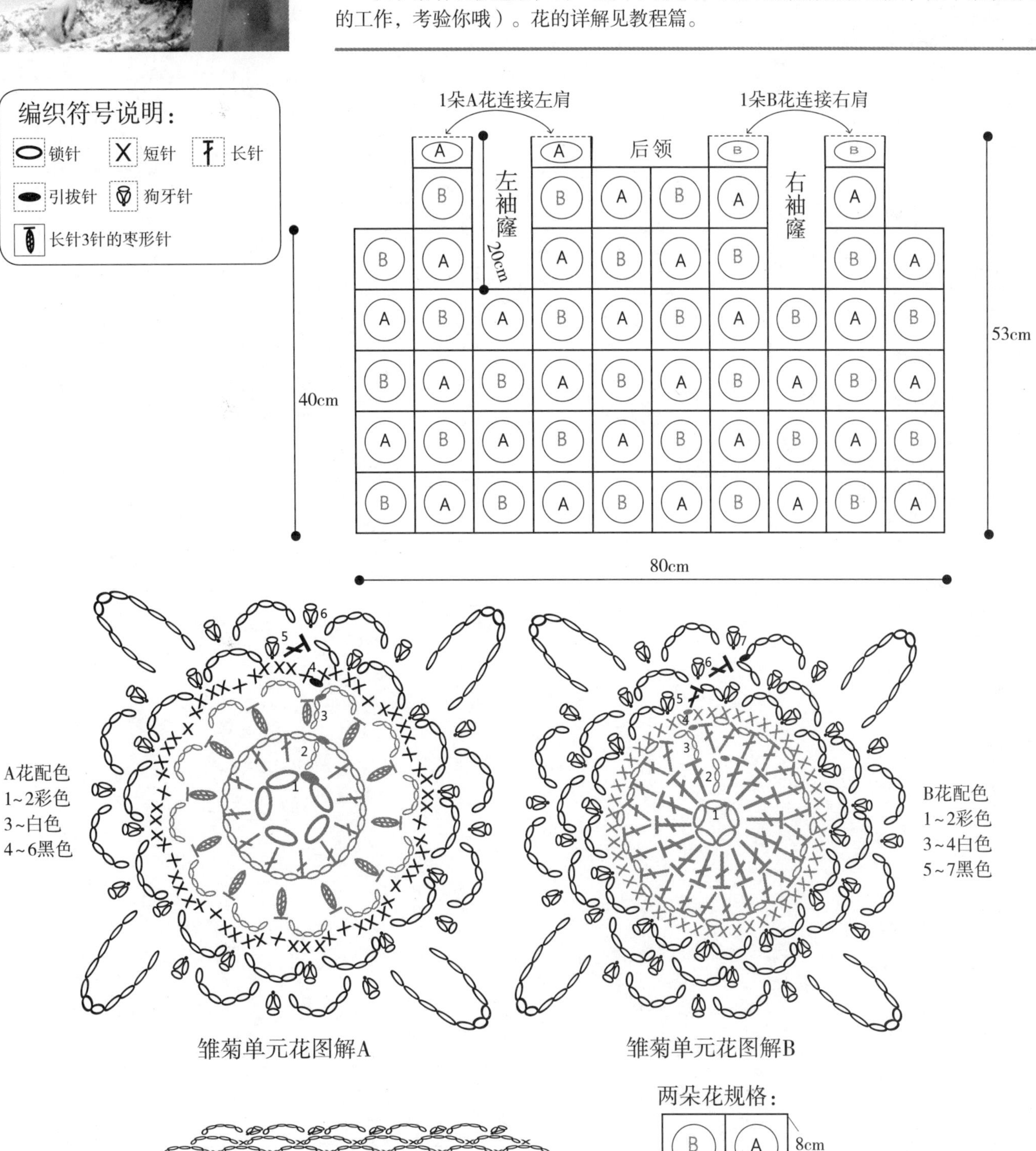

雏菊单元花图解A

雏菊单元花图解B

边沿图解

9 波浪螺旋衣

【成品规格】衣长60cm，胸围96cm，挂肩20cm，袖长48cm，领围56cm
【材　　料】安伯士乐谱粗羊毛线600g
【工　　具】8号棒针和环针各1副，2.5mm钩针1根
【钩编方法】

（1）按照图解A织75针螺旋花6朵连接。

（2）按照结构图挑织衣身227针，织12cm留出两边袖子各39针，后片多织3cm长，注意两边腋下各加10针。

（3）分别按照图解以及结构图，织领子和袖子，袖子环织，注意袖上和袖下中心的加收针。

（4）横挑门襟110针，织16行花样C收边。

（5）最后钩一朵立体装饰花缝在领口。

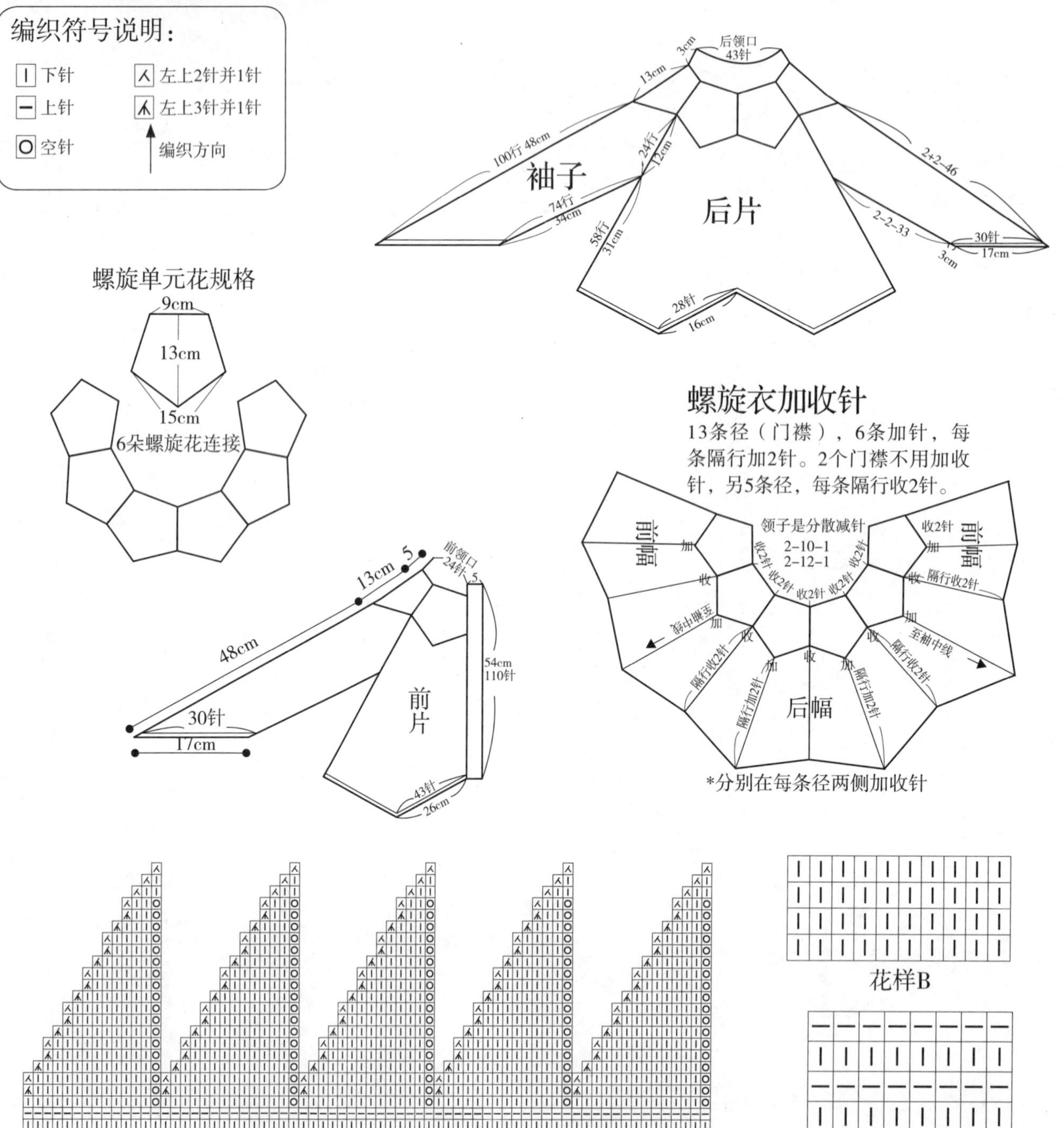

花样B

花样A　五边75针螺旋花图解

花样C　衣摆边袖口及门襟花样

衣身（领）局部图解

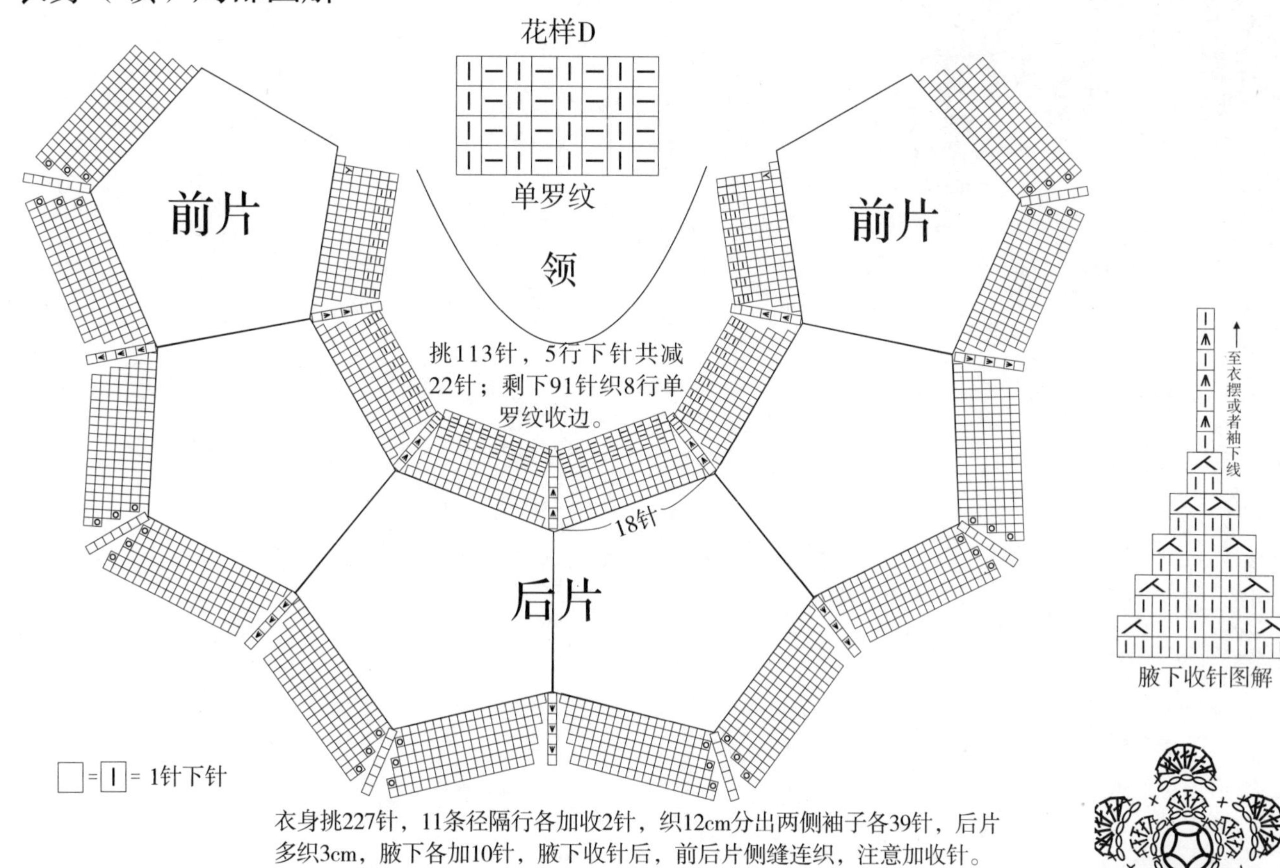

衣身挑227针，11条径隔行各加收2针，织12cm分出两侧袖子各39针，后片多织3cm，腋下各加10针，腋下收针后，前后片侧缝连织，注意加收针。

至衣摆或者袖下线

腋下收针图解

5瓣立体钩花

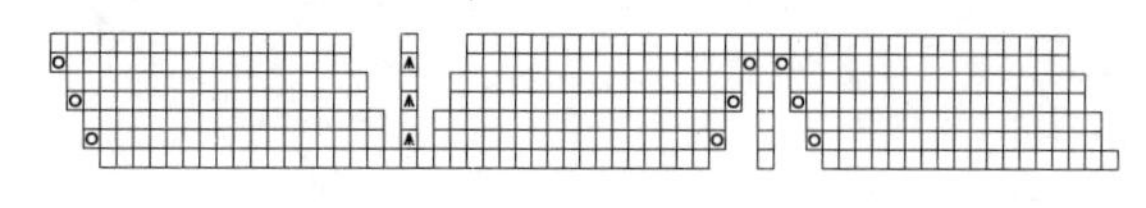

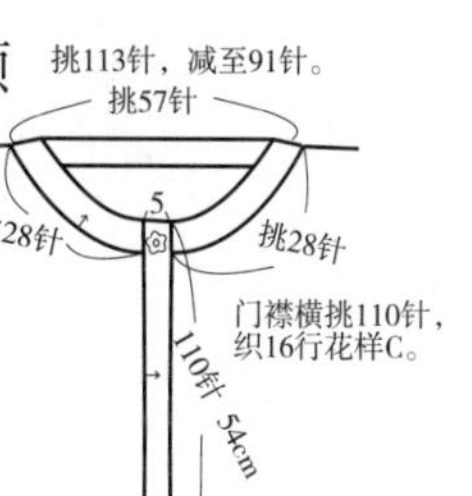

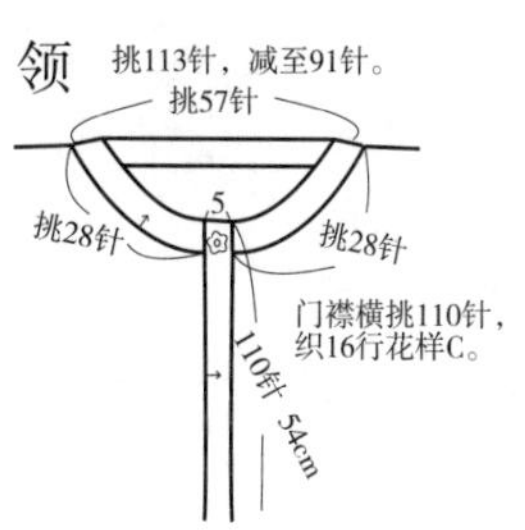

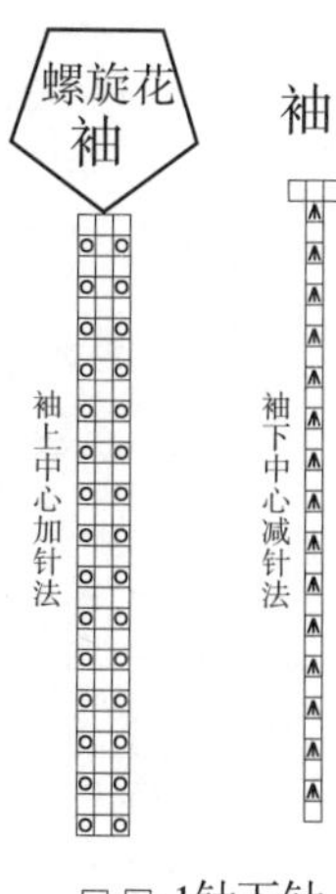

螺旋衣展开结构图

衣身织12cm分袖子，后片多织3cm，腋下加10针，袖子环织，注意加收针。前后衣侧连织。

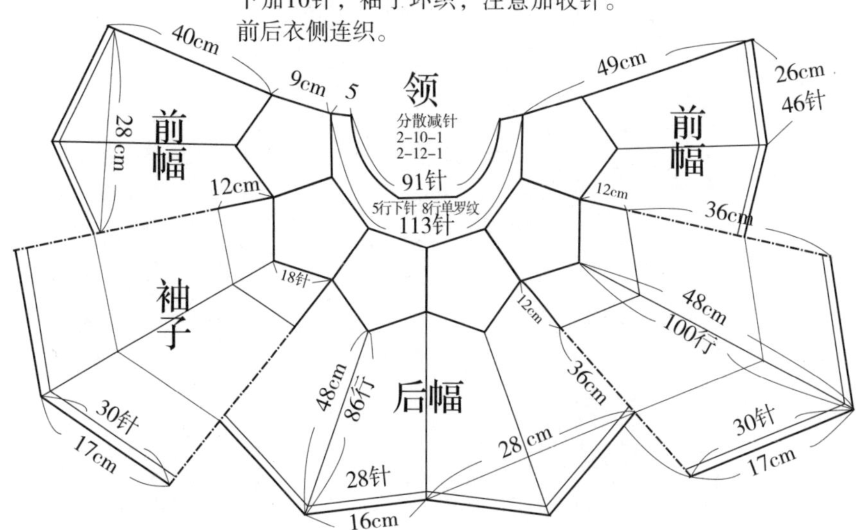

衣边和袖口边分别织8行花样C

编织符号说明：

|	下针
—	上针
O	空针
0	锁针
●	引拔针
X	短针
𝖳	长针
人	左上2针并1针
入	右上拨收1针
左上3针并1针	左上3针并1针
中上3针并1针	中上3针并1针
□=|	1针下针

编织方向

P 绿旋裙

【成品规格】裙长67cm，胸围78cm，领围58cm

【编织密度】10cm²=25针×30行

【材　　料】深浅绿色混纺中粗毛线450克

【工　　具】11号棒针4根，11号环针1副，麻花曲针1个，毛衣缝针1枚，2.0mm钩针1根。

【钩编方法】

（1）从下往上圈织，用环针根据结构图织裙摆花10cm收掉96针。

（2）换棒针和线从环针上每次退织24针，再加出48针，织72针螺旋花，共织10朵。

（3）用环针沿着螺旋花边沿挑起230针，接着又在两花连接处中上3针并1针，分散收掉20针。

（4）剩210针开始织裙身花样，注意扭针单螺纹左上3针交叉，扭针：环织扭下针，片织反面注意上针扭法。裙两侧根据结构图收针。

（5）裙身织26cm余186针时分前后片，两边分别按袖窿线收针。

（6）后片织53行后收后领；前片织12.5cm后收前领。

（7）袖子按照结构图环织，注意袖山收针。

（8）缝合完织好的衣片和袖子，挑领子128针织8行双罗纹，接着织领子花样，注意加针，用粗针拨收领边。

编织符号说明：

符号	说明	符号	说明
丨	下针	人	左上2针并1针
一	上针	入	右上拔收1针
O	空针	木	左上3针并1针
Q	扭下针	小	中上3针并1针
丫	左加针	米	左上交叉针
右加针	右加针	□=丨	=1针下针

编织方向

7针扭针单螺纹左上3针交叉针

绿旋裙结构图

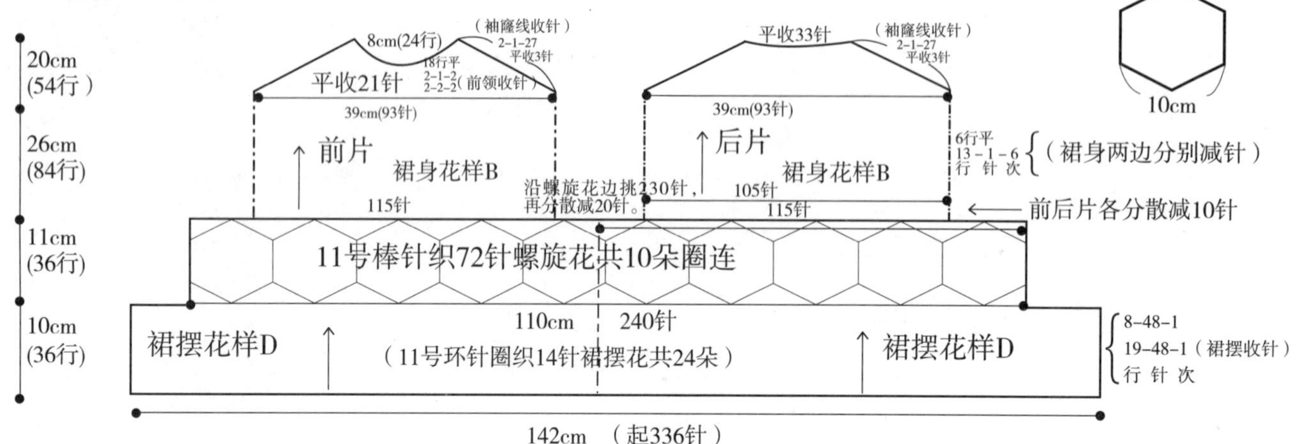

袖子结构图

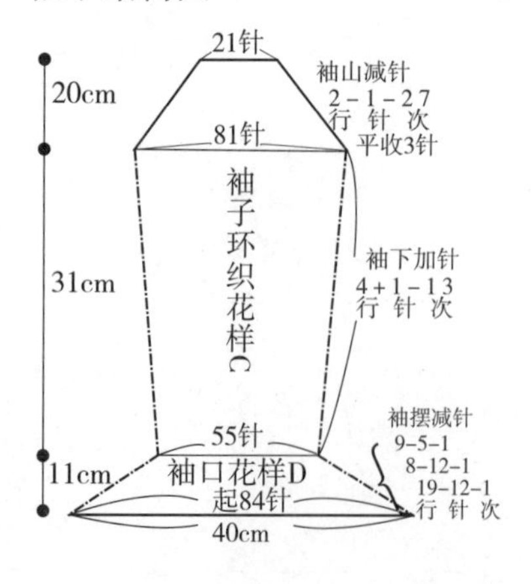

花样D

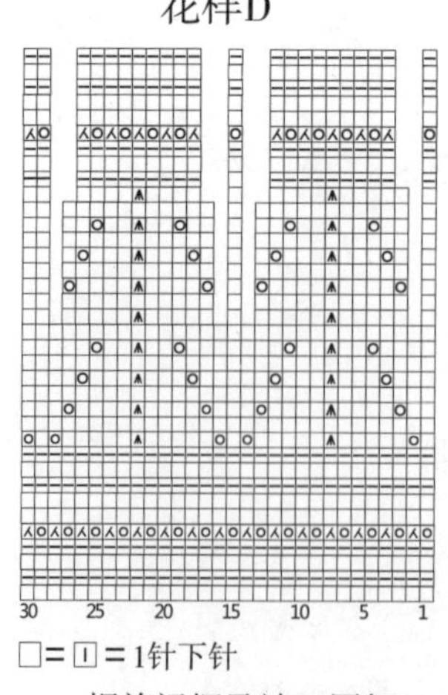

螺旋裙摆及袖口图解

花样A

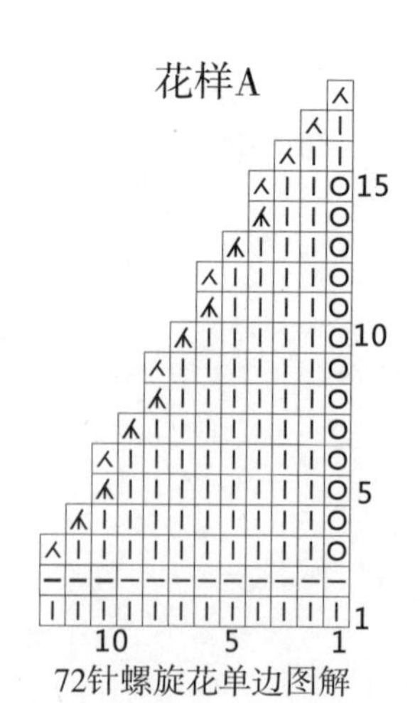

72针螺旋花单边图解

绿旋裙身结构图

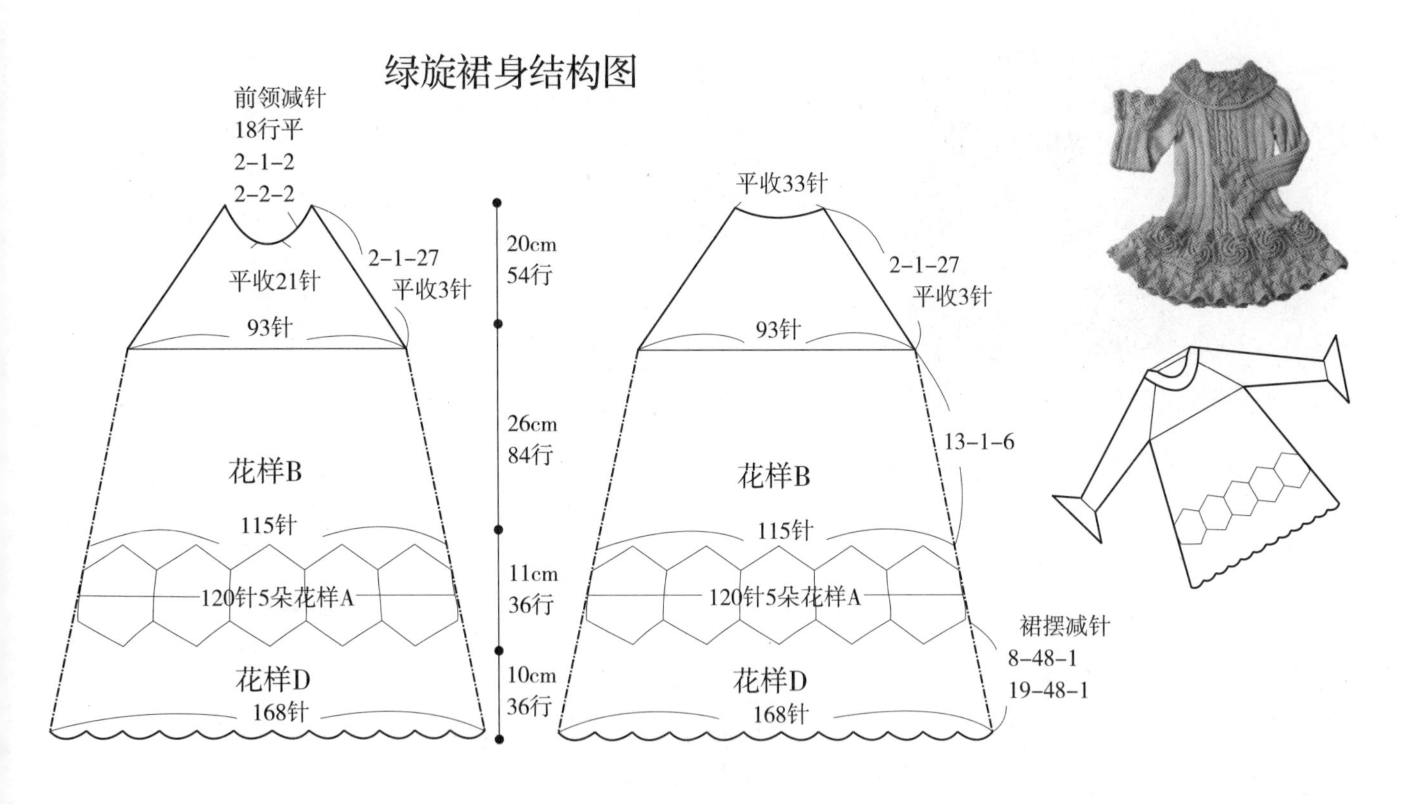

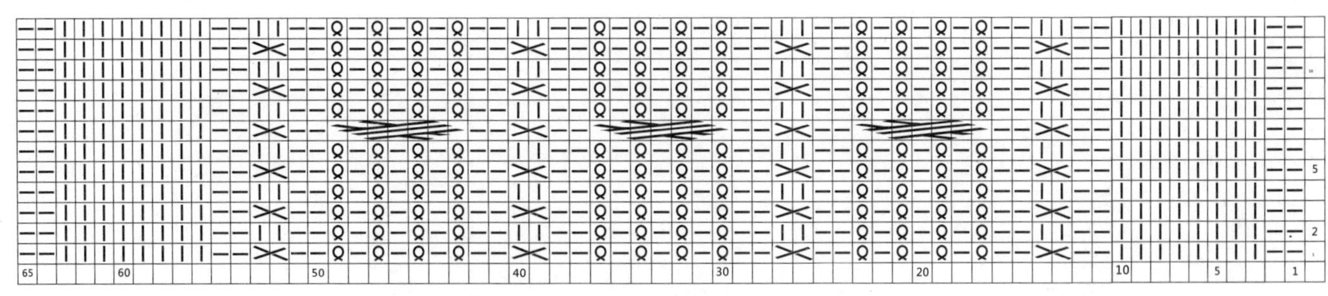

花样B　绿旋裙身花样图解

领

面向内侧环织，分散加针，领口200针，用粗针套收边。

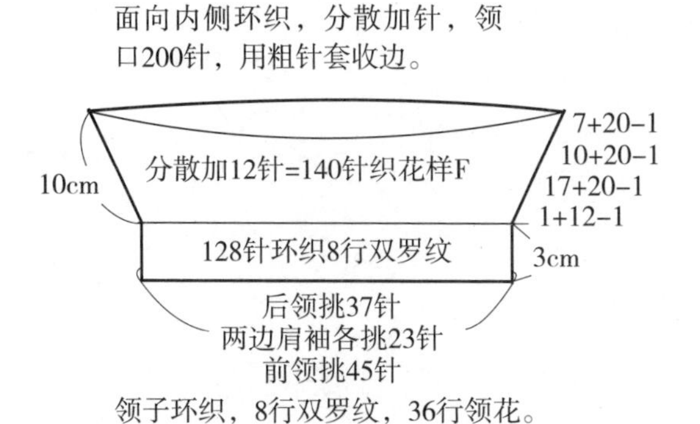

领子环织，8行双罗纹，36行领花。

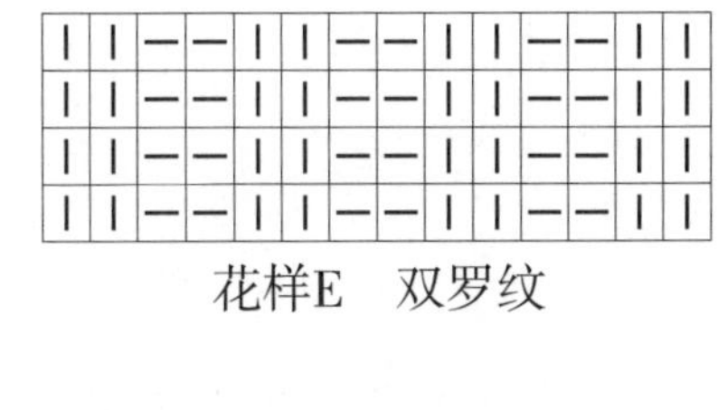

花样E　双罗纹

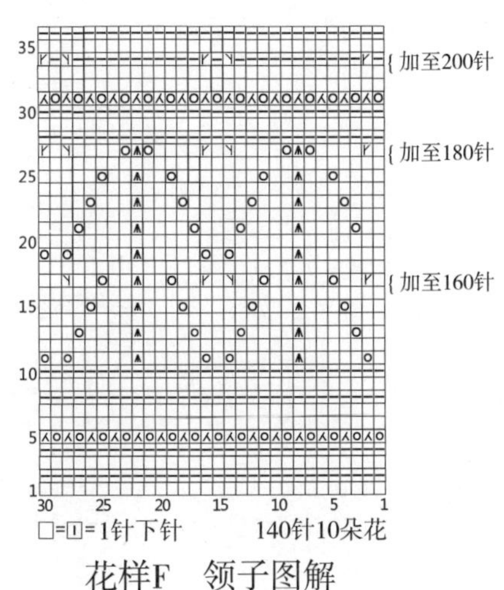

花样F　领子图解

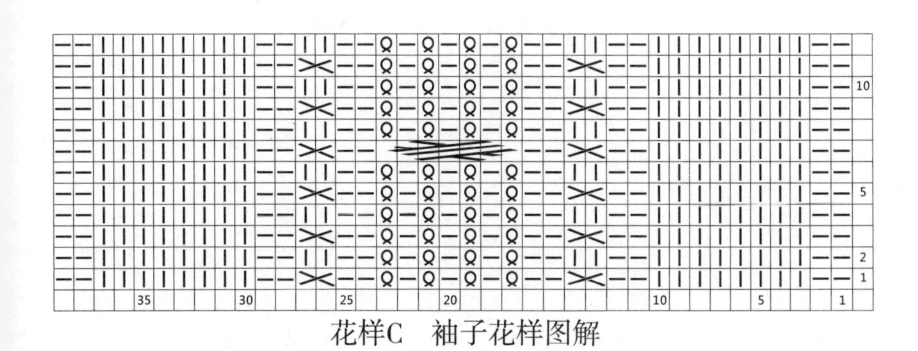

花样C　袖子花样图解

2 华丽螺旋组合

【成品规格】衣长44cm，胸围86cm，单肩连袖长41cm

【材　　料】三利段染细羊毛线3股，用量250g

【工　　具】1.0mm钩针1根，毛衣缝针1枚

【钩编方法】

（1）按照图解A和结构图，分前后片钩衣身，然后缝合肩部及腋下（注意腋下半袖加针，以及收斜肩）。

（2）按照图解B，圈钩两边衣袖。

（3）按照图解B和结构图，钩衣摆、门襟和领子（沿着缝合好的衣身边沿，钩378针，22行16cm宽）。

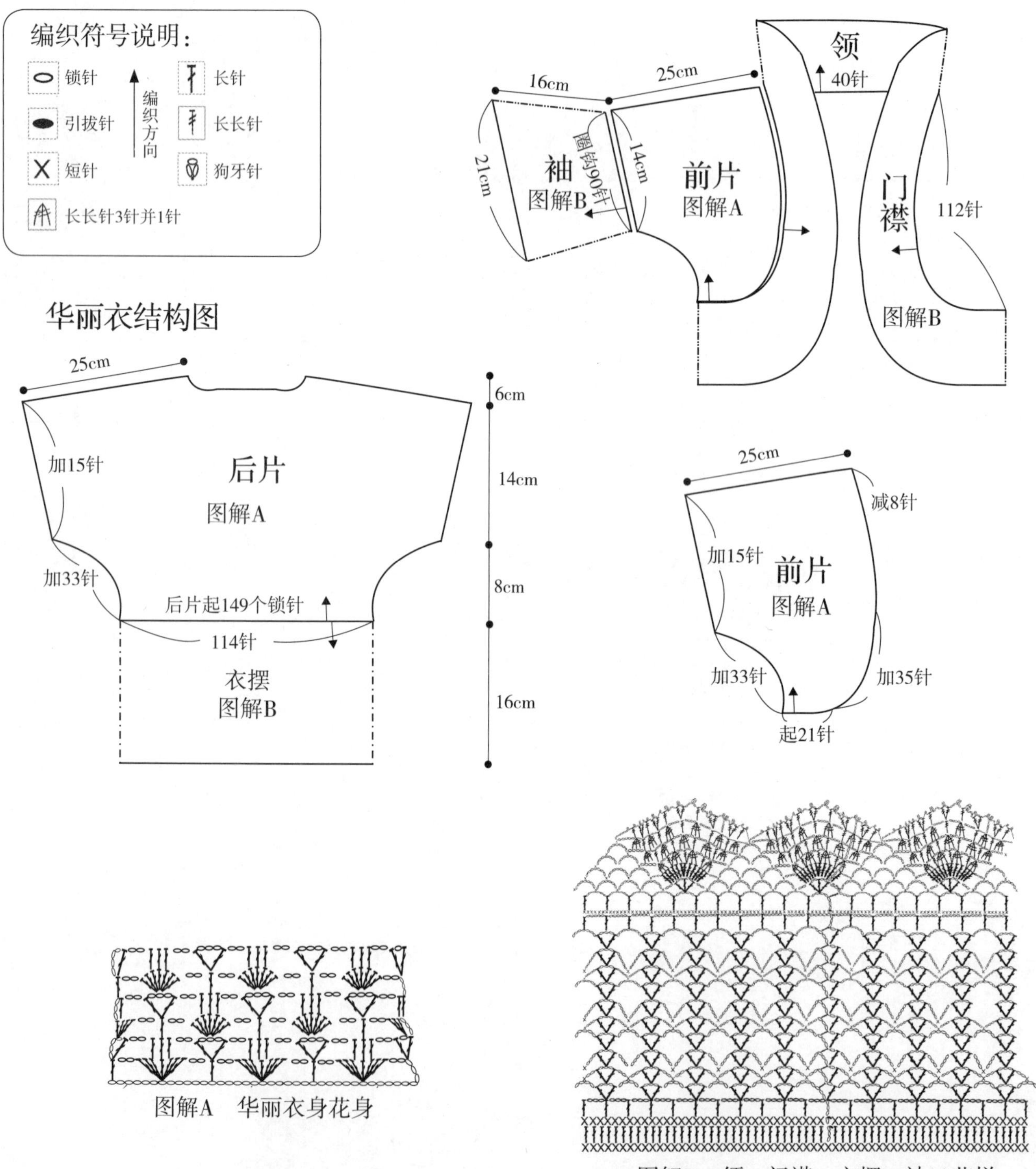

图解A　华丽衣身花身

图解B　领、门襟、衣摆、袖口花样

【成品规格】吊带衣长50cm，胸围78cm，挂肩18cm
【材　　料】三利段染细羊毛线3股，用量225g
【工　　具】13号棒针4根，1.0mm钩针1根
【钩编方法】

（1）按照图解A织12朵螺旋花，圈连做衣摆部分。
（2）按照图解B沿着螺旋花钩衣身，注意两边减针。
（3）依照图解C钩3排衣摆边。
（4）依照图解D钩两根24cm长的吊带。
（5）最后钩衣上部分，前后片的边沿。

编织符号说明：

符号	说明	符号	说明
丨	下针	人	左上2针并1针
一	上针	木	左上3针并1针
O	空针	X	短针
○	锁针	干	长针
●	引拔针	♡	引拔针

编织方向

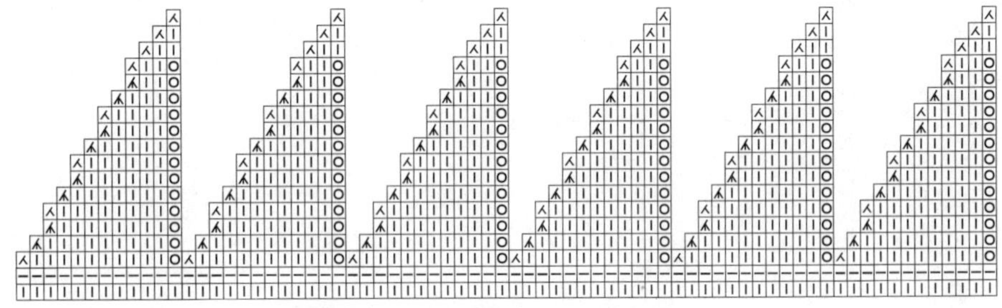

图解A　72针螺旋花六边图解

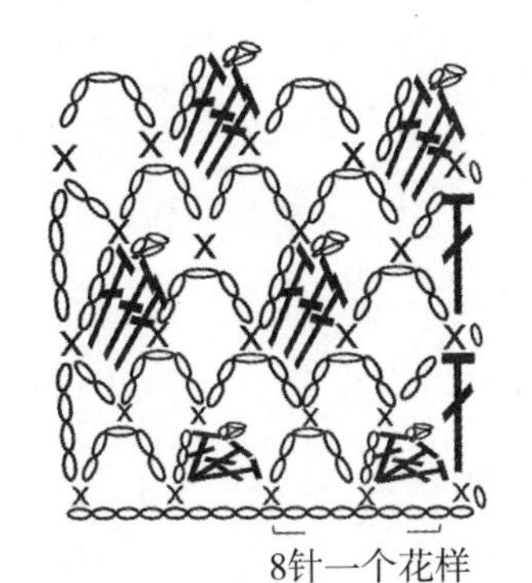

图解B　华丽螺旋吊带衣身图解

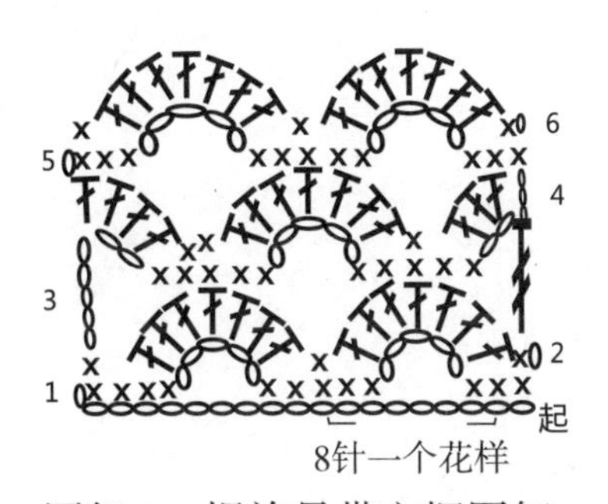

图解C　螺旋吊带衣摆图解

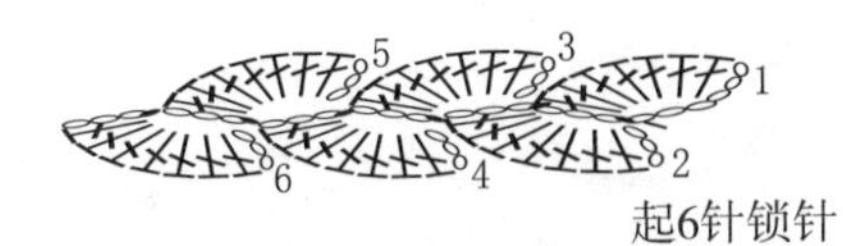

图解D　吊带图解

边缘图解

吊带螺旋衣结构图

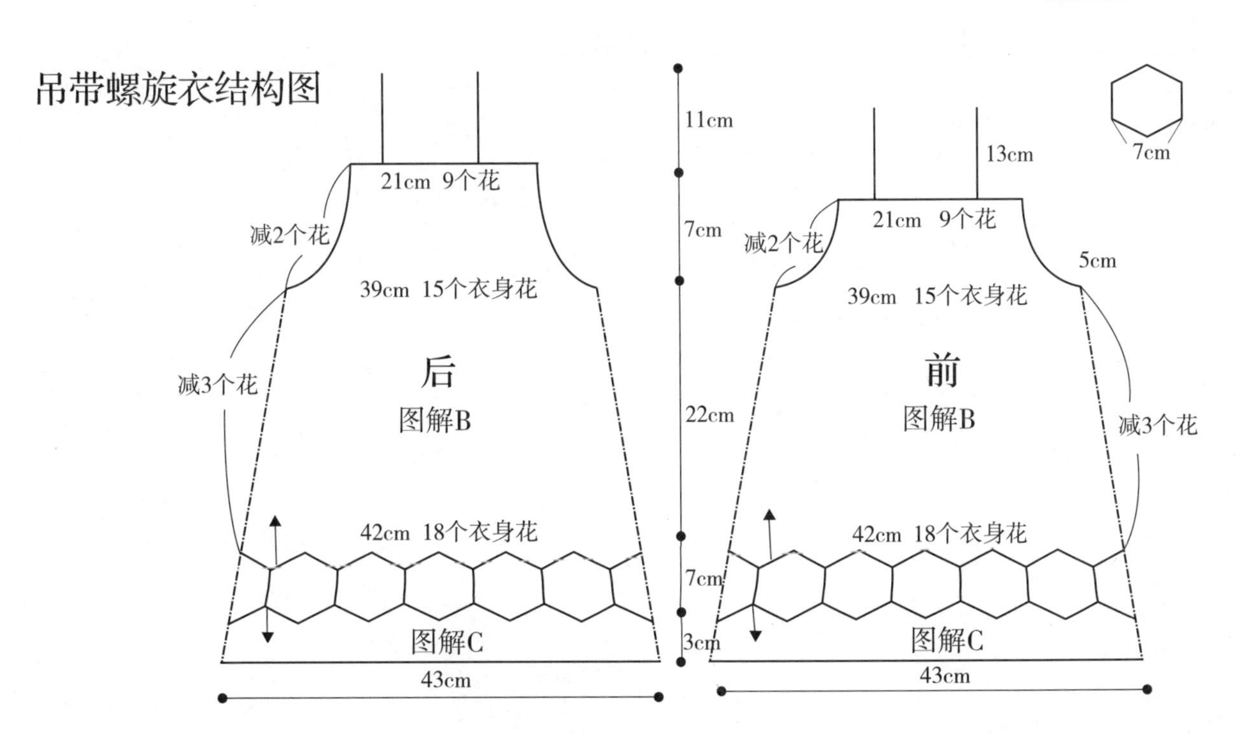

R 丹凤衣

【成品规格】衣长62cm，胸围96cm，挂肩21cm
【材　　料】彩虹细毛线3股，段染马海毛线1股，合股编织。用量450g
【工　　具】12号棒针和环针各1副，2.0mm钩针1根
【钩编方法】

（1）按照牡丹花图解A钩立体牡丹花8朵圈连。

（2）按照结构图挑织衣身320针，织凤尾花12cm留出两边袖子各96针，后片多织3cm长，注意两边腋下各加18针。

（3）分别按照图解以及结构图，织领子和袖子（袖子环织，注意袖下中心的收针）。

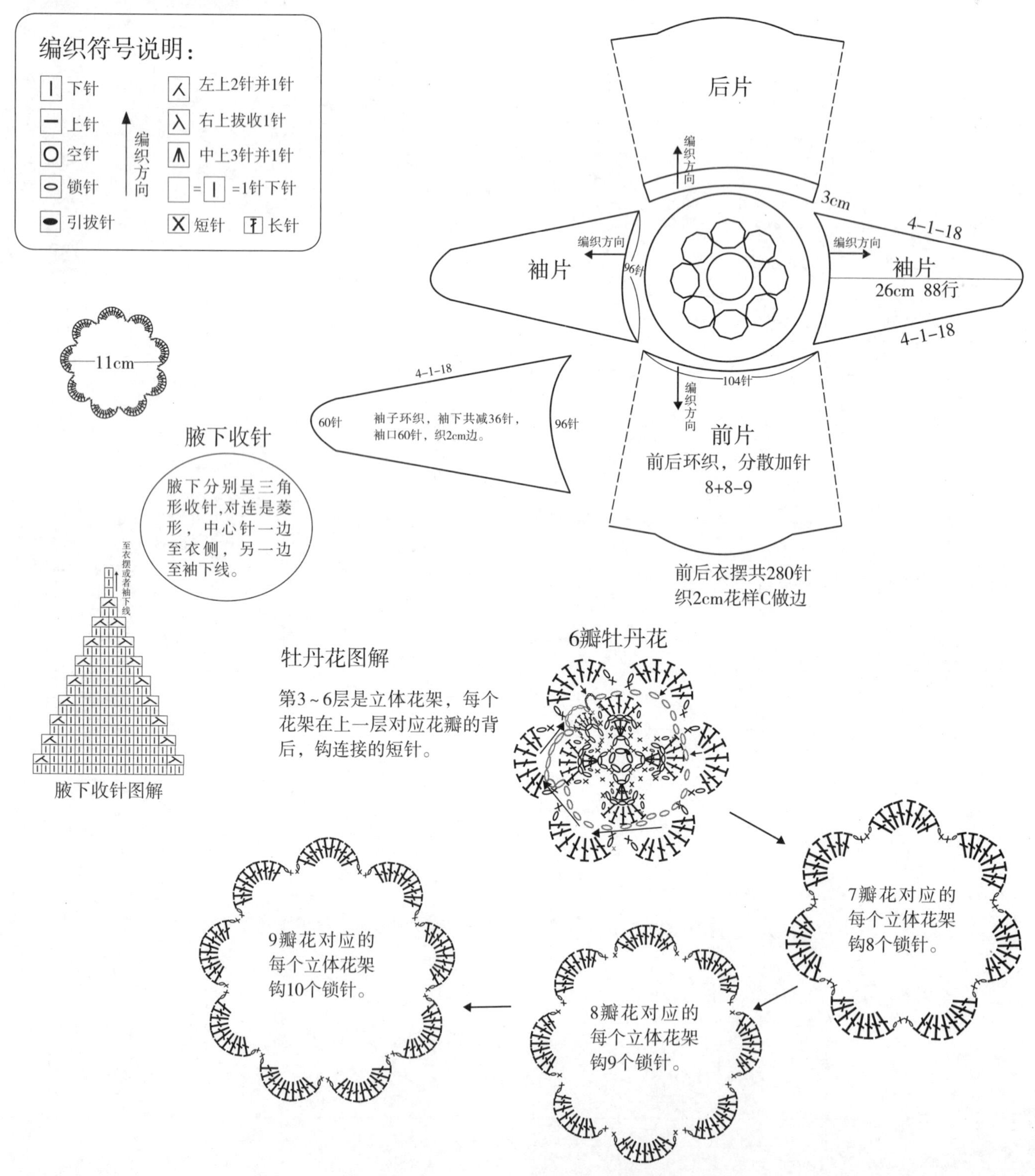

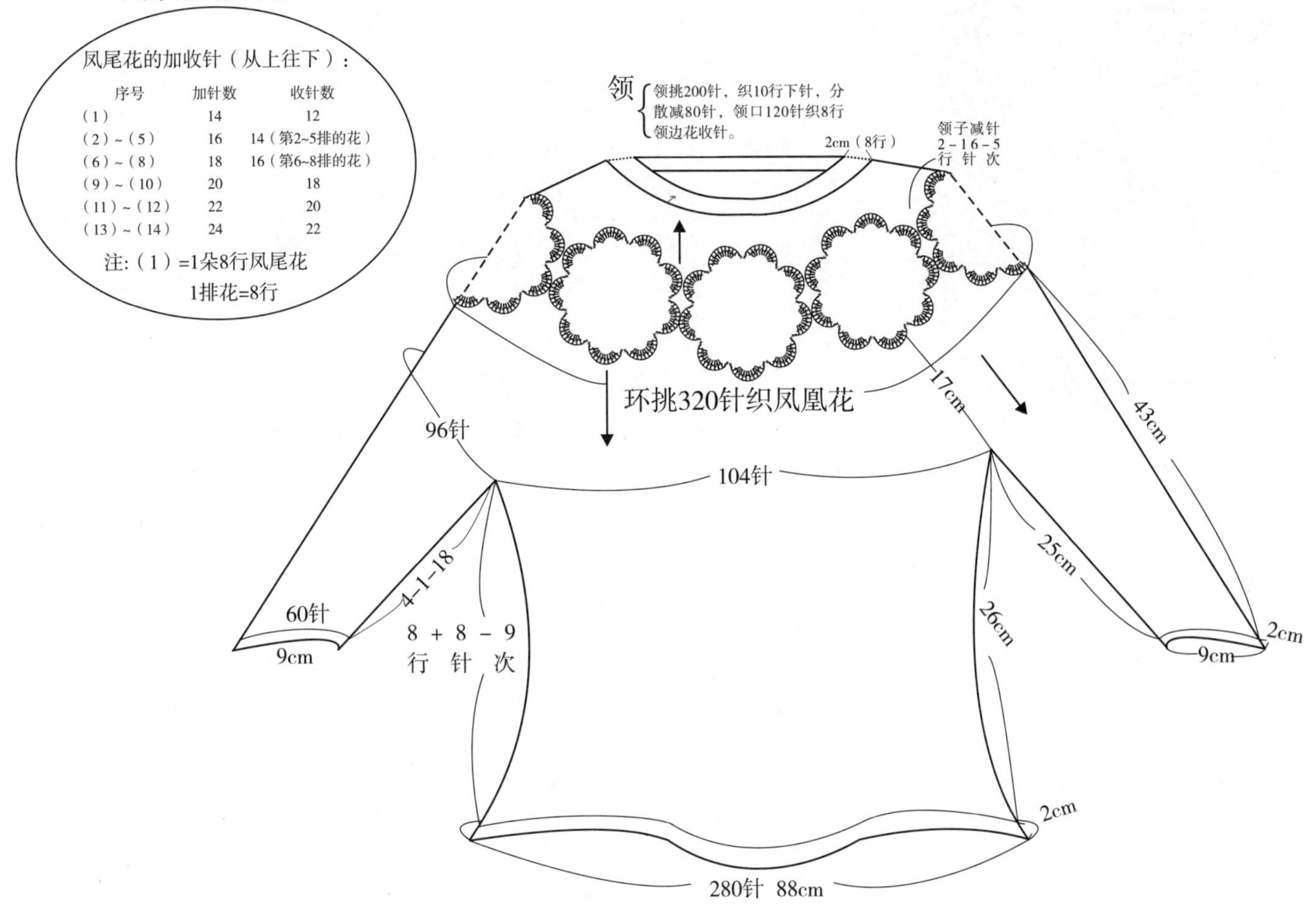

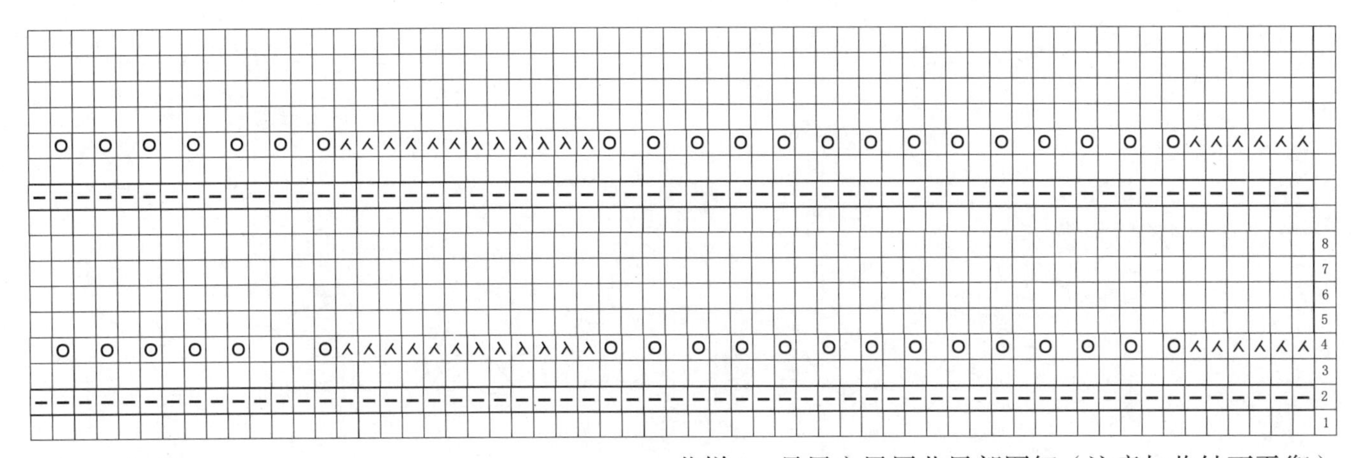

□=▣= 1针下针

花样A 丹凤衣凤尾花局部图解（注意加收针不平衡）

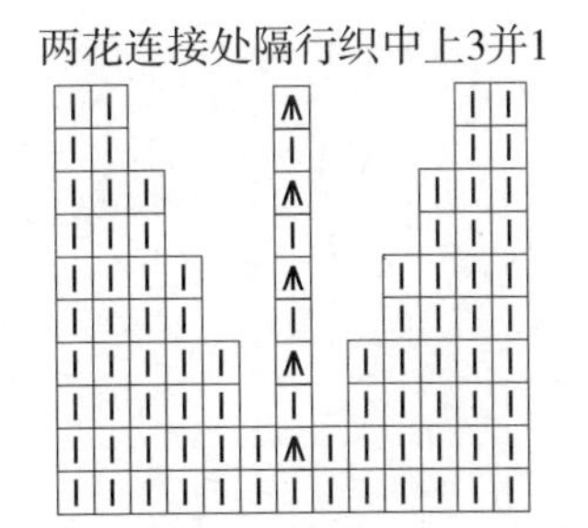

花样C 领子减针法局部图解

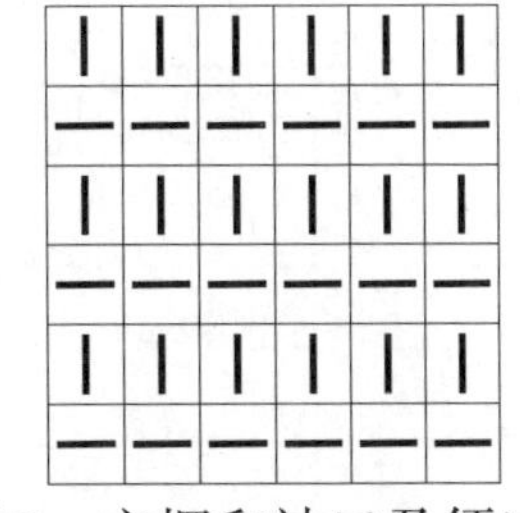

花样B 衣摆和袖口及领口边沿花样

领口图示

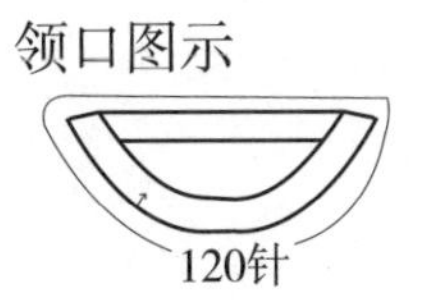

9 V形花圆领衫

【成品规格】衣长65cm，胸围86cm，袖长38cm，肩宽40cm

【材　　料】红色普通粗毛线550g

【工　　具】10号棒针和环针各1副，毛衣缝针1枚

【钩编方法】

（1）用环针按照结构图，从下往上起针环织衣身单罗纹和V形花样34cm。

（2）按图示分织前后片，同时注意两边腋下及袖窿减针。

（3）后片织至16cm平收后领27针，按图收织肩部暂停。

（4）前片织至12cm后收前领，中间平收17针，分左右两边至肩部与后片无缝缝合。

（5）按图示直接从织好的衣身肩部袖山处挑织袖子，编织V形花样。

（6）挑织圆形领92针，织单罗纹12行收单罗纹边。

编织符号说明：

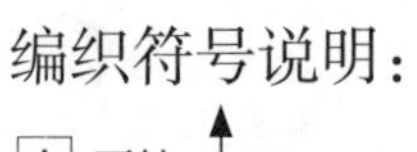

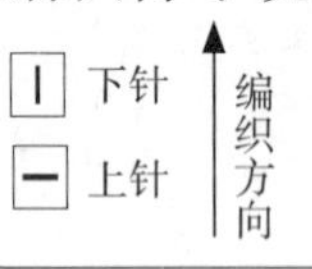

衣身结构图

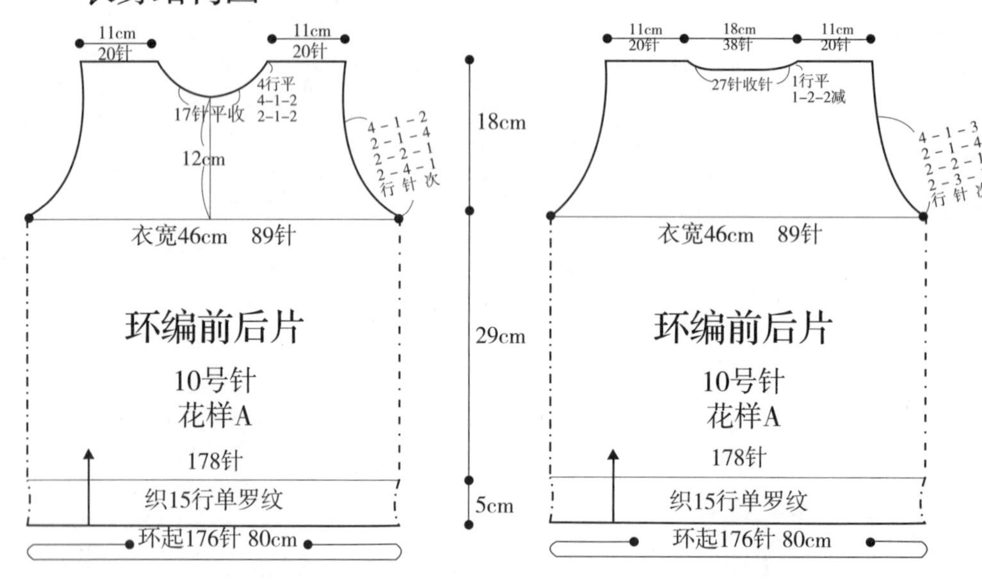

袖子结构图

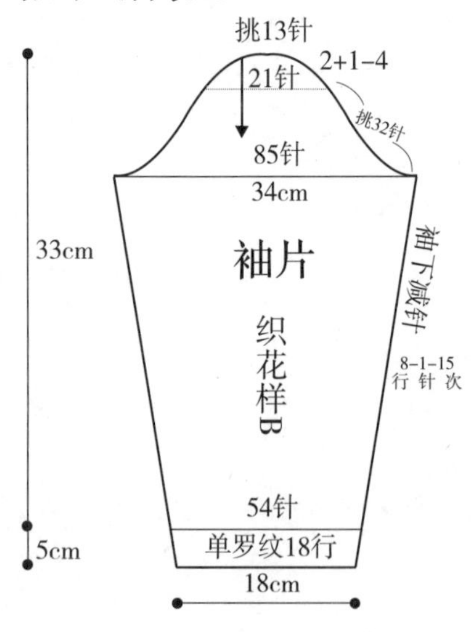

领

织单罗纹

挑40针　4c（12行）

挑52针

花样B

|	—	|	—	|	—	|	—	|	—	|	—
|	—	|	—	|	—	|	—	|	—
|	—	|	—	|	—	|	—	|	—
|	—	|	—	|	—	|	—	|	—

单罗纹

花样A

20

10

1

V形花中心针

V形花V领衫

【成品规格】衣长62cm，胸围104cm，袖长53cm，背肩宽46cm，领围66cm

【材　　料】枣红色中粗毛线600g

【工　　具】10号棒针和环针各一副，毛衣缝针一枚

【钩编方法】

（1）用环针按照结构图，从下往上起针环织衣身单罗纹和V形花样42cm。

（2）按图示分织前后片，同时注意两边腋下及袖窿减针。

（3）后片织至19cm平收后领39针，按图收织肩部暂停。

（4）前片中心留1针，分左右两边收织V形领，至肩部与后片无缝缝合。

（5）按图示直接从织好的衣身肩部袖山处，挑织袖子，编织V形花样。

（6）挑织V形领，注意领中心留的1针一起挑，按照图解织中上3针并1针。

编织符号说明：

| 下针

— 上针

⋀ 中上3针并1针

编织方向

衣身结构图

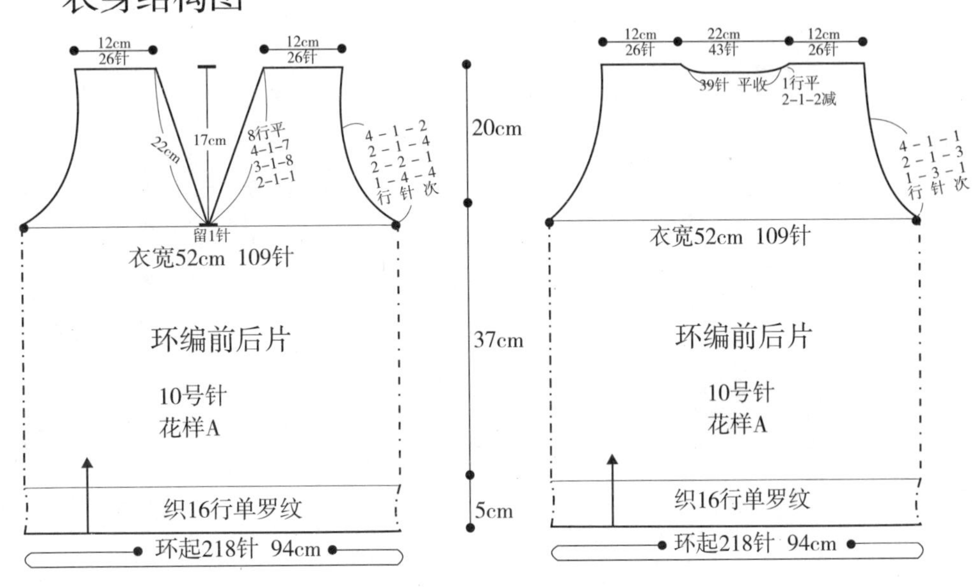

袖子结构图

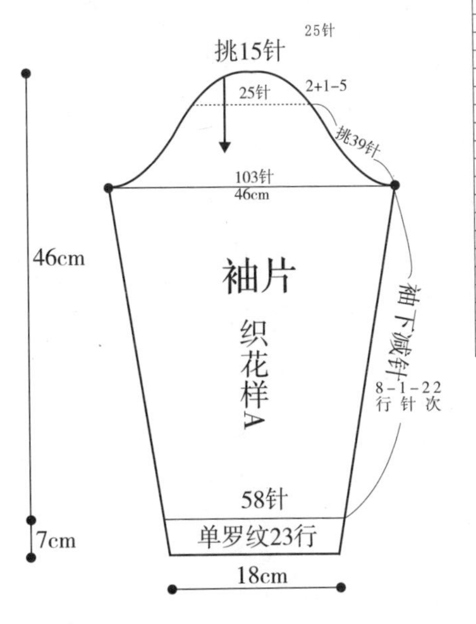

花样A

20

10

1

V形花中心针

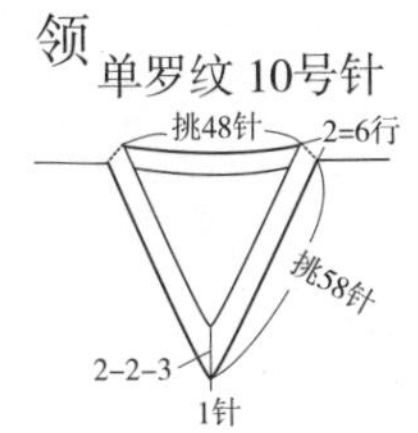

花样B

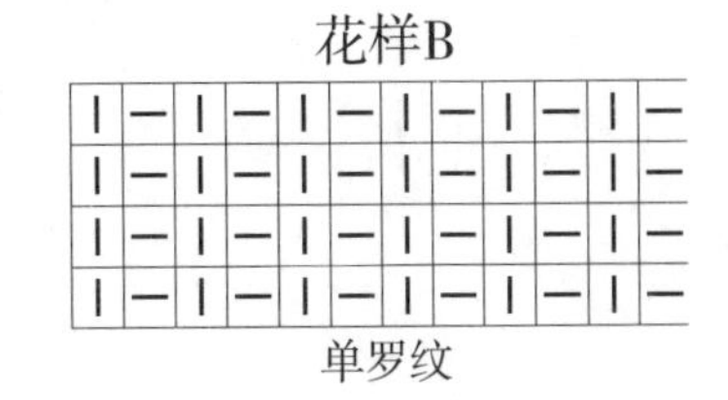

单罗纹

□=|=1针下针

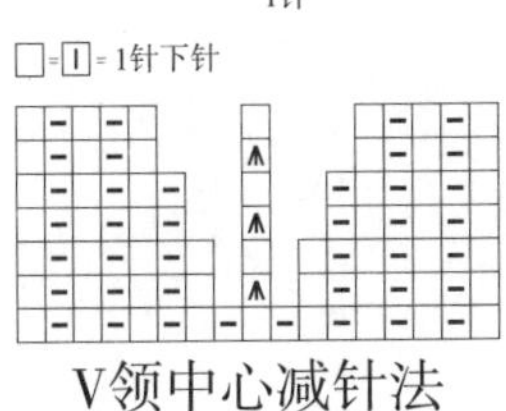

V领中心减针法

u 紫色桂花背心

【成品规格】衣长56cm，胸围80cm，挂肩20cm，肩宽37cm，领围52cm
【材　　料】紫色夹丝膨体纱细毛线200g
【工　　具】13号棒针1副，1.5mm钩针1根，毛衣缝针1枚
【钩编方法】

（1）按照图解A和B以及结构图，从下往上分前后片编织并缝合（注意前片按照图解，左右对称织两片，桂花针做门襟）。

（2）按照图解B钩背心的边沿。

（3）钩1朵立体小花，做领口装饰。

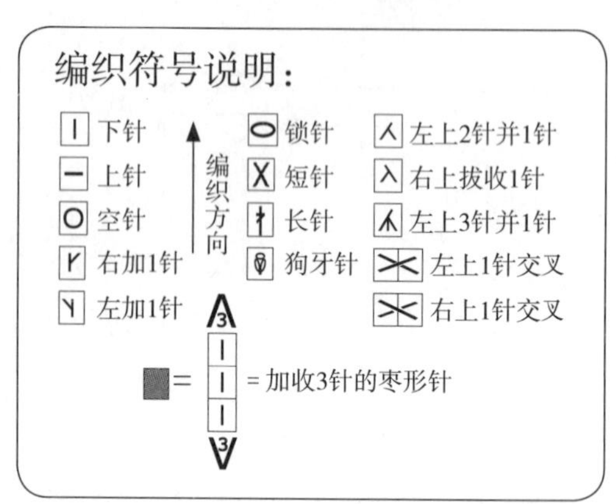

5瓣立体钩花

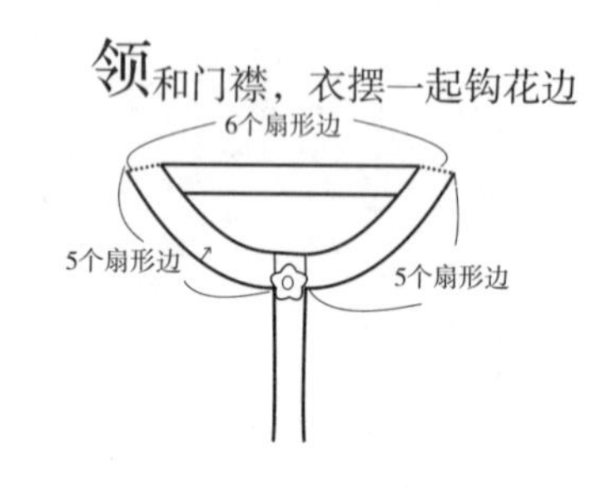

边沿钩花图解

前后片结构图

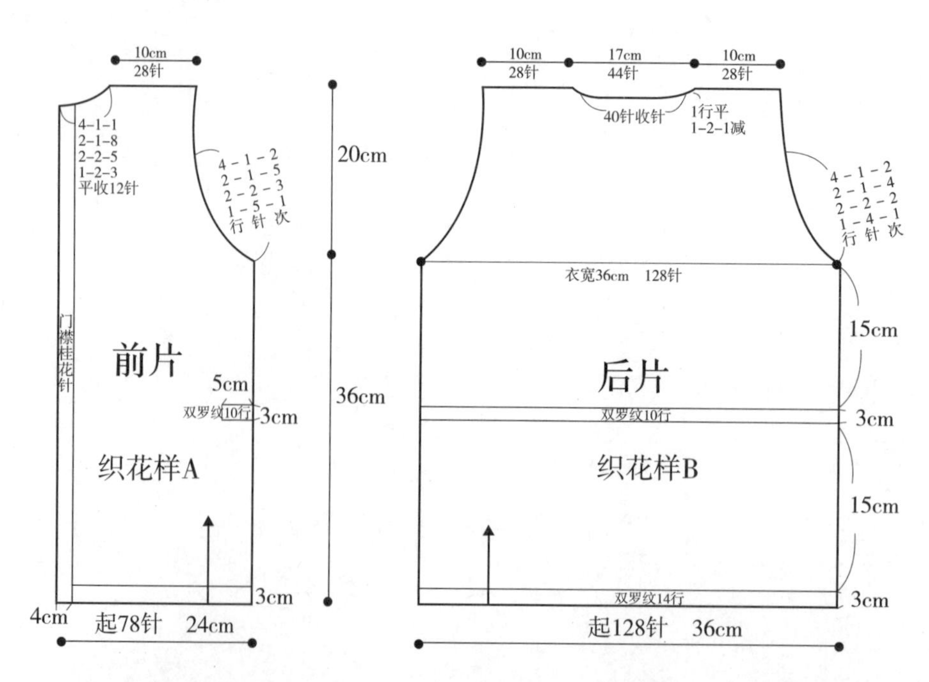

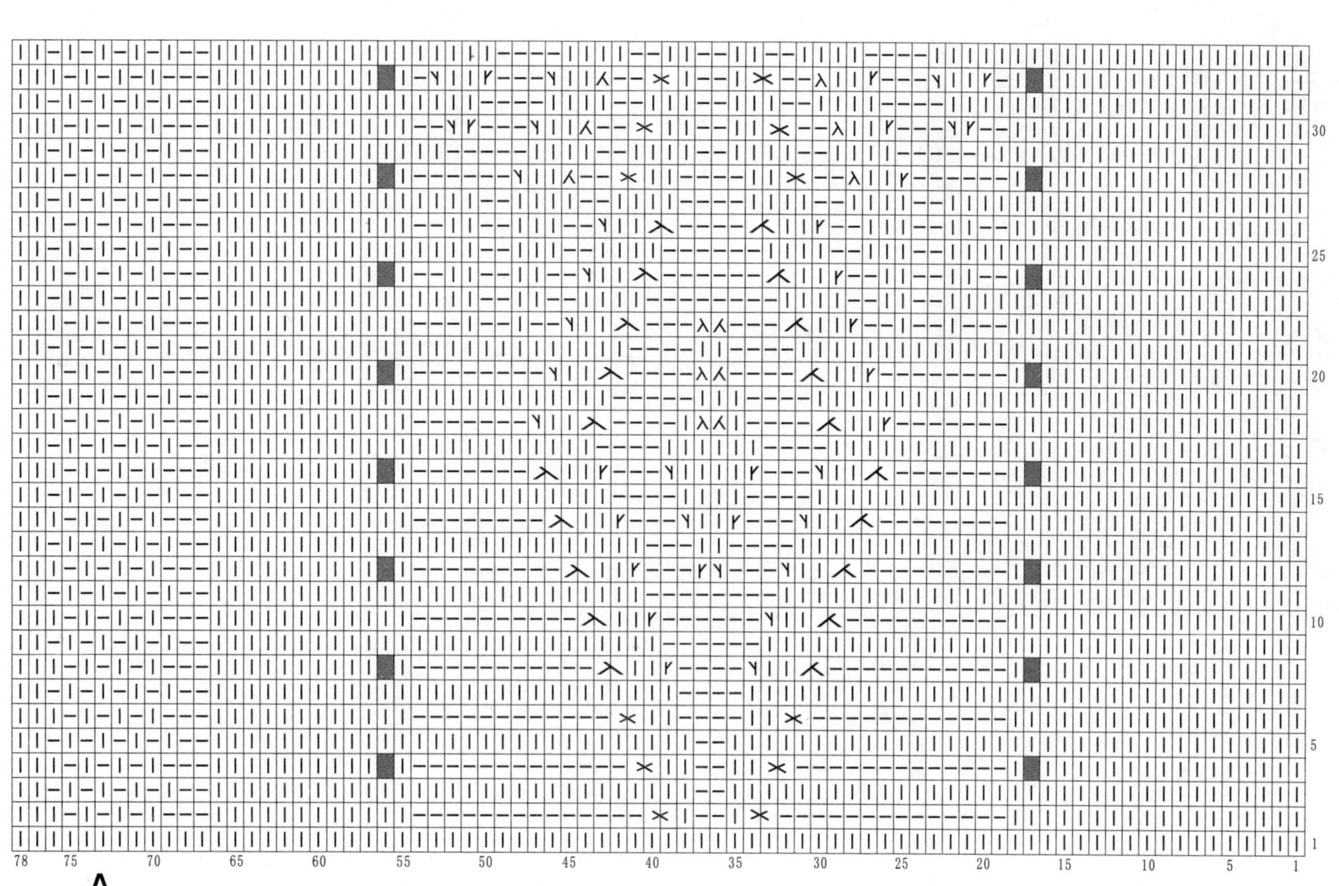

■=加收3针的枣形针

花样A　前片图解（左右片对称织）

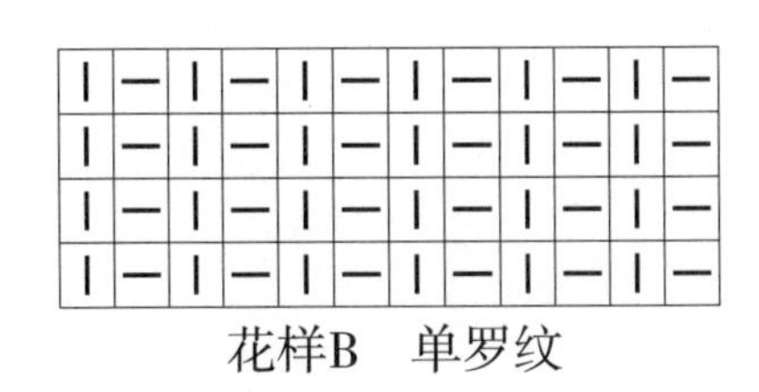

花样B　单罗纹

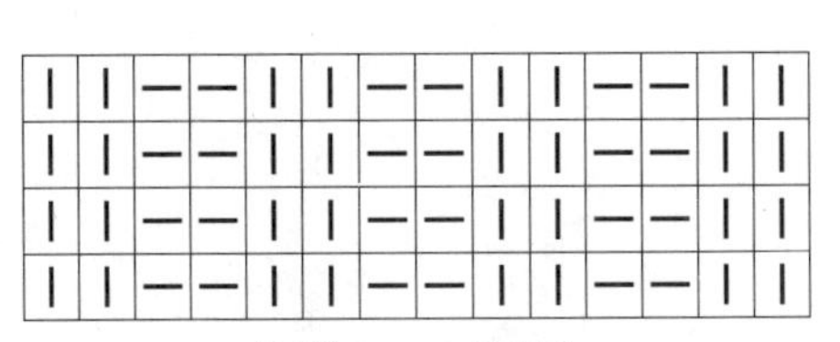

花样C　双罗纹

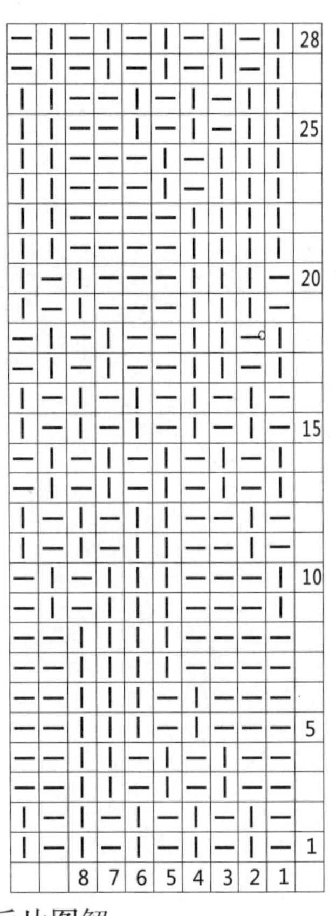

后片图解
斜形桂花针图解 8针28行一个花样

V 螺旋花连袖披肩

【成品规格】披肩连袖长117cm，其中单袖下线长25cm，双罗纹摆围总长144cm（领、门襟、下摆）
【材　　料】深咖啡色中粗毛线400g
【工　　具】11号棒针1副（4根），11号环针1副，1.5mm钩针1根，毛衣缝针1枚
【钩编方法】

（1）用棒针照花样A编织60针螺旋花，共织13朵直线连接。

（2）参照结构图，在螺旋花两边分别编织花样B，注意与螺旋花的连接以及袖下的加减针。

（3）用环针分别挑织中间148针，50cm的双罗纹，织13cm收边。

（4）缝合25cm长的袖子。

（5）按结构图挑织三角形双罗纹门襟（即连接领及下摆）。

（6）袖口钩一圈扇形花边。

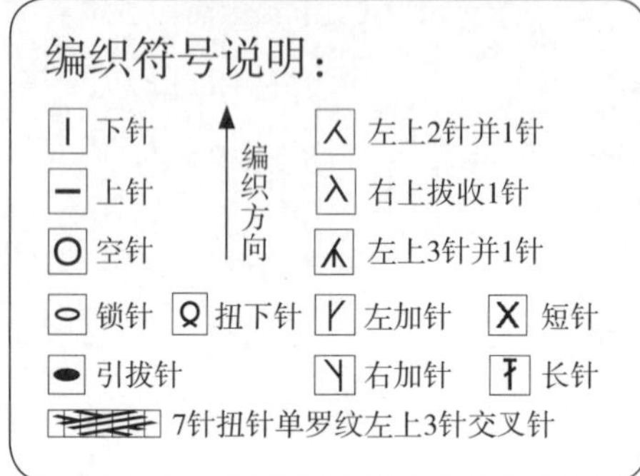

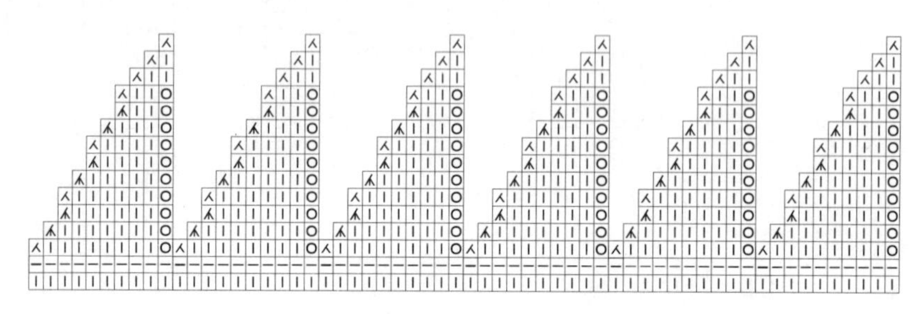

花样A　60针螺旋花平面图解（6个边）

花样C　双罗纹图解

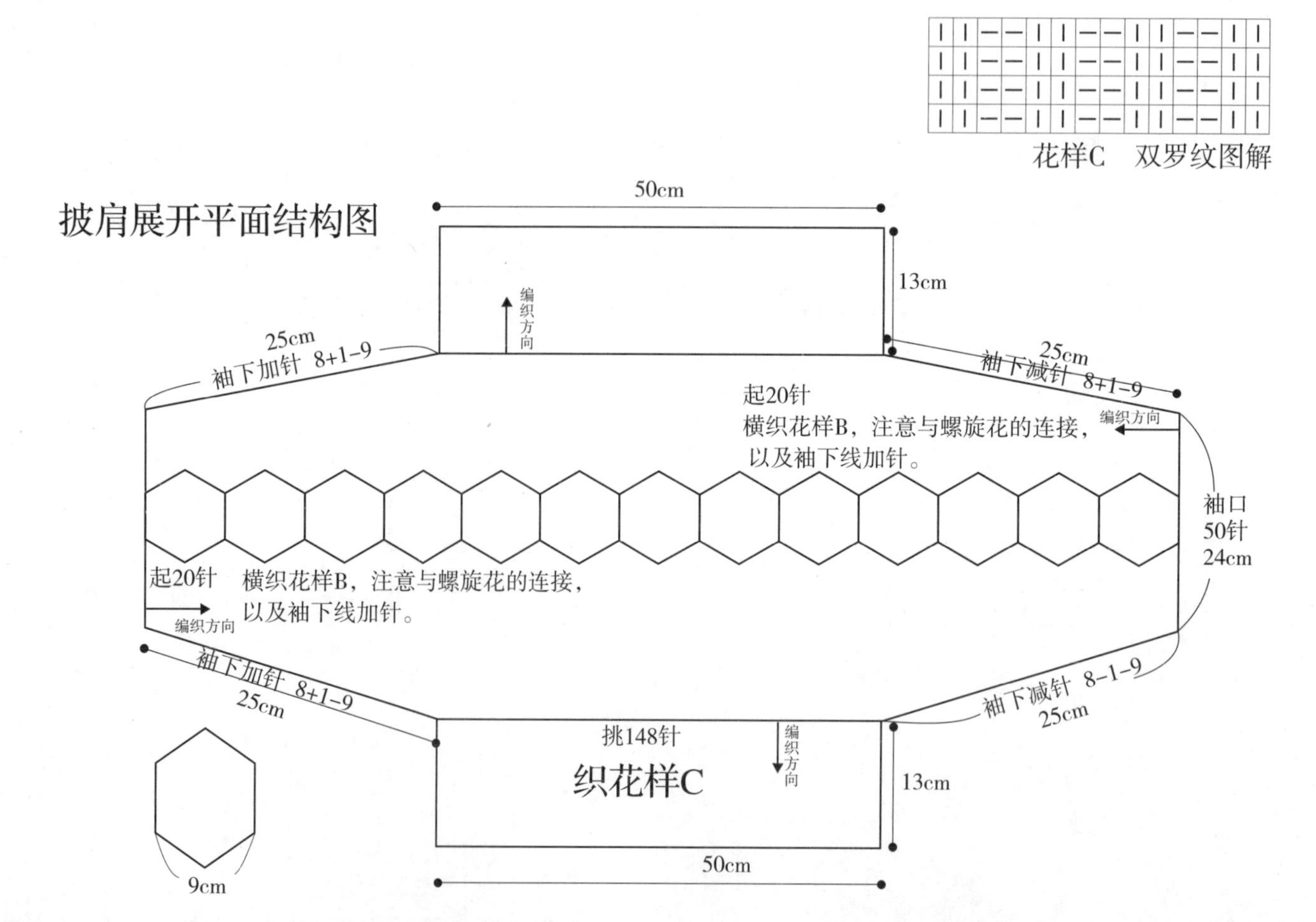

13朵螺旋花连接

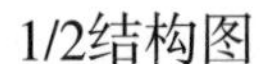

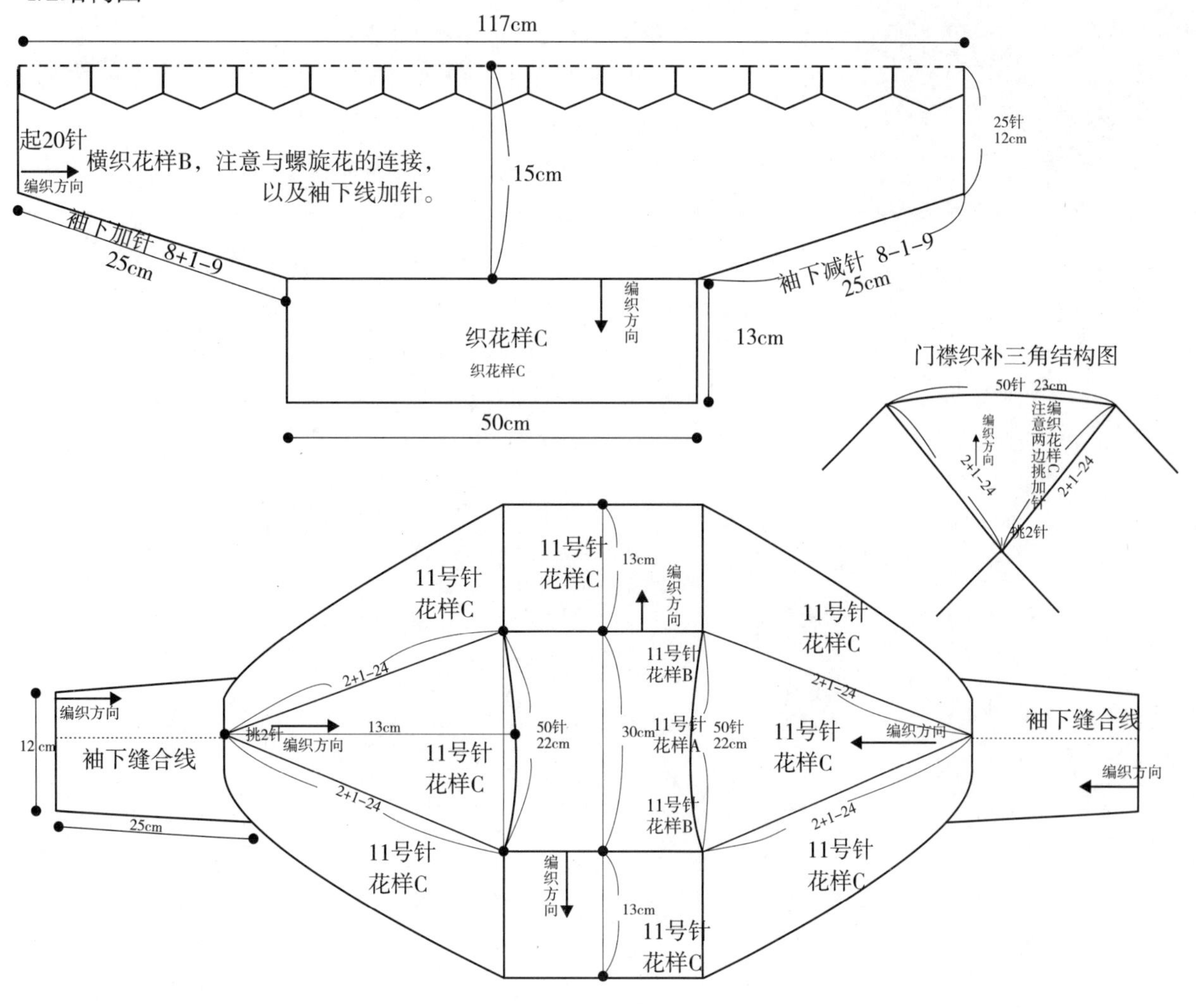

花样B

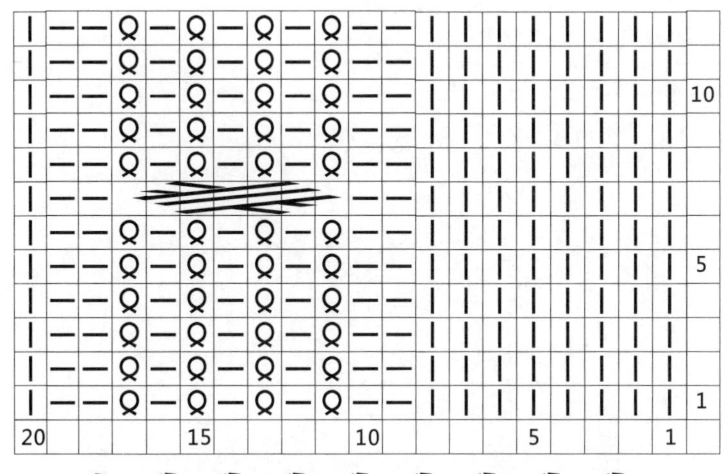

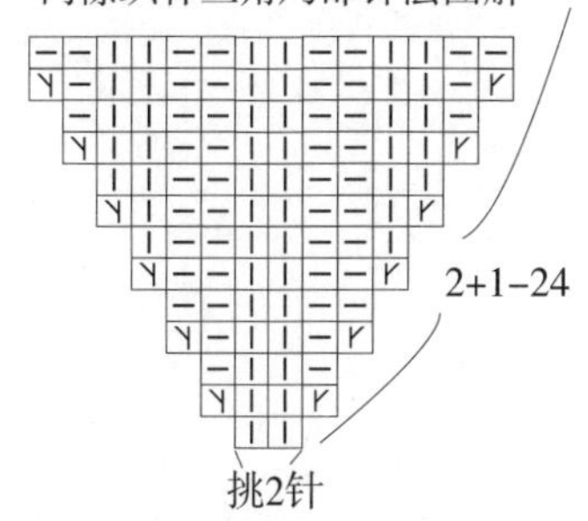

W 双色拼花蝙蝠衫

【成品规格】衣长58cm，领围60cm，袖长42.5cm

【材　　料】恒源祥细毛线，绿色325g，本白色150g，边沿配饰线绿色松树纱125g

【工　　具】1.5mm钩针1根，13号棒针2根（织边），扣子2颗

【钩编方法】

（1）钩双色拼花6朵连接。详解见教程篇。

（2）按照结构图钩衣身（注意色彩交替）。分别按照图解以及结构图，钩领子和袖子。

（3）沿着衣衫边沿，钩一圈短针。

（4）最后钩2颗毛线扣子以及织边沿装饰。

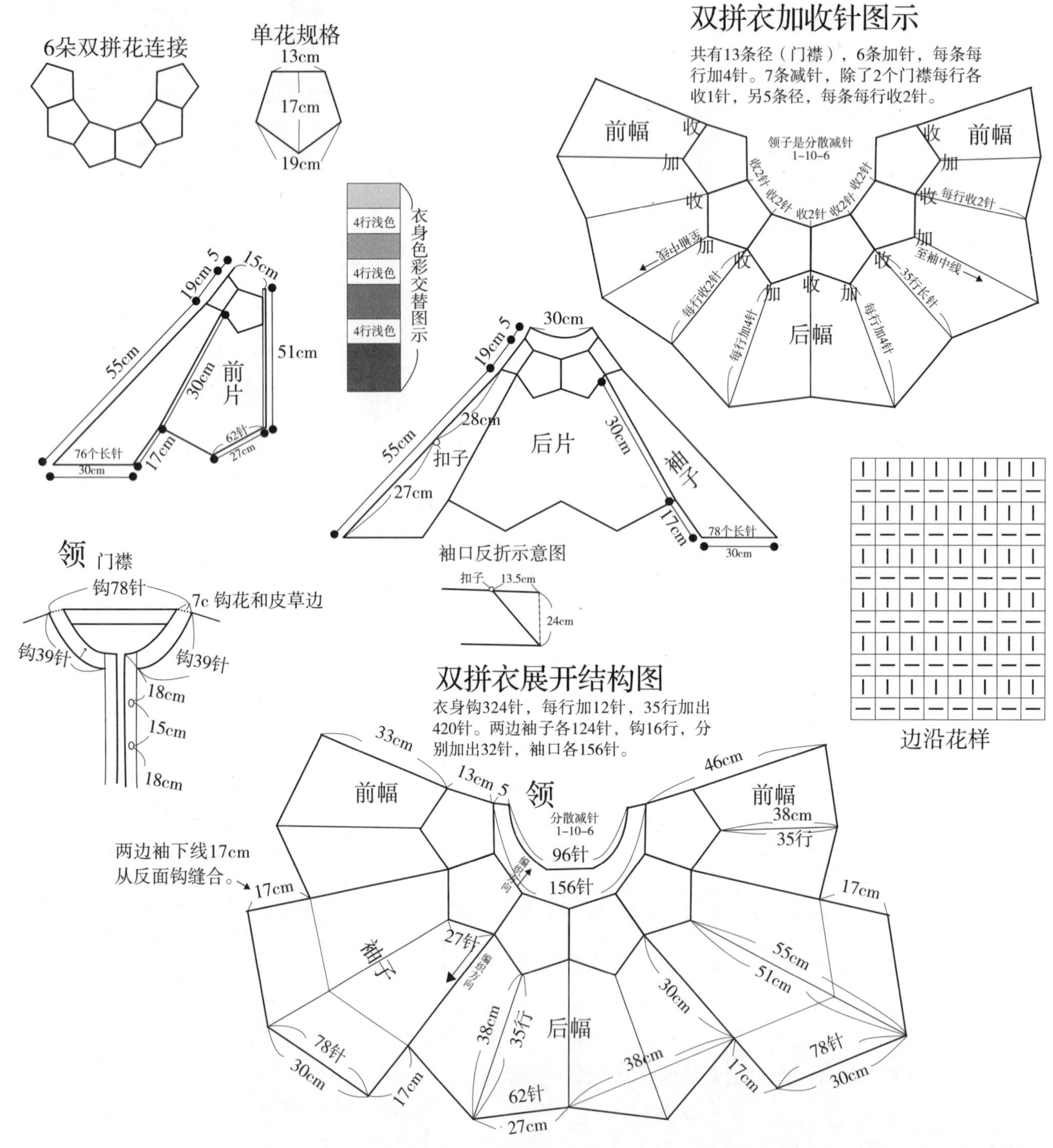

衣身结构局部图解

钩324个长针（每边27针）。每行加收针（每次加4针，收2针），共钩35行。

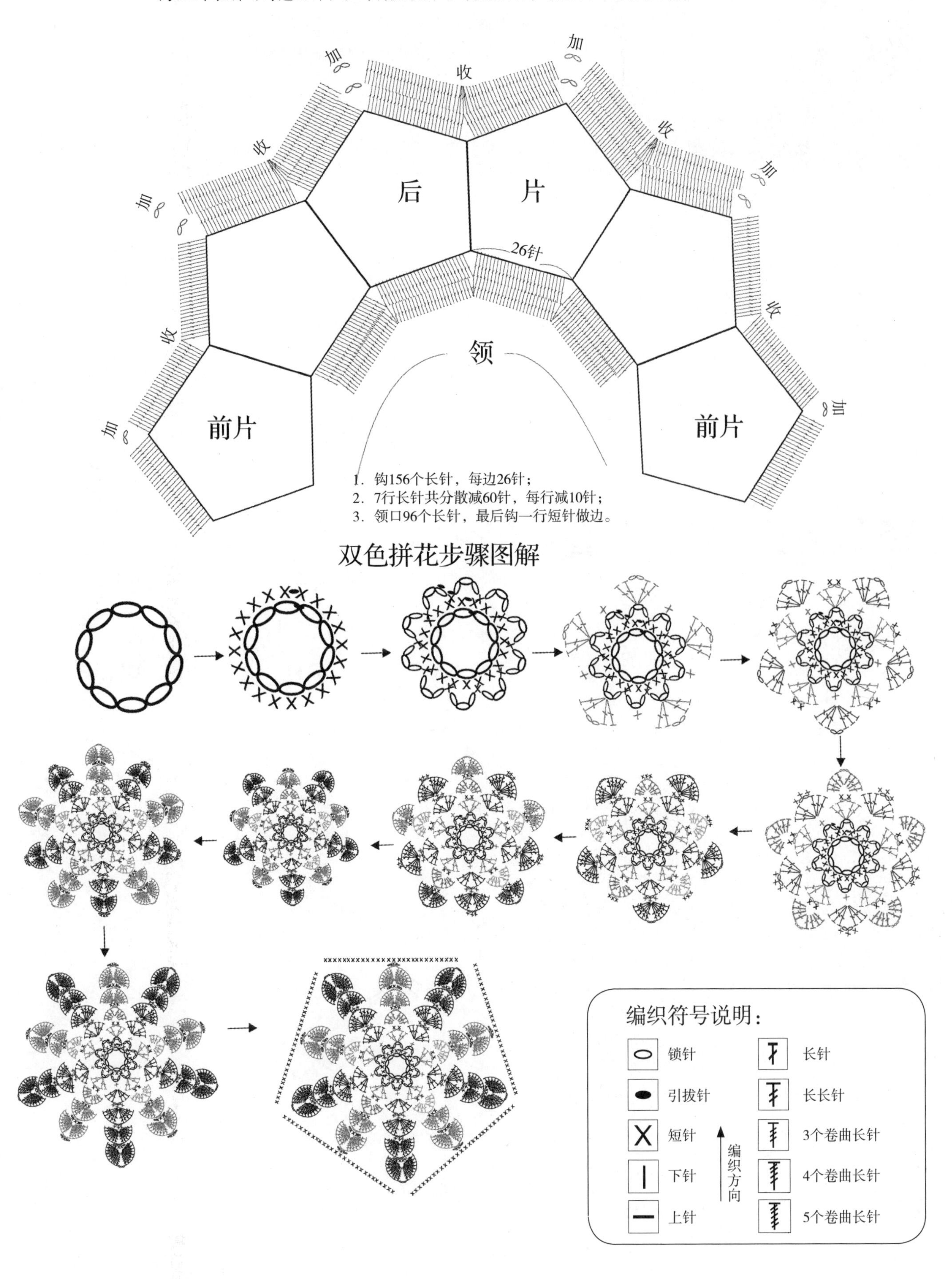

X 彩虹螺旋花披肩

【成品规格】披肩长121cm，宽54cm
【材　　料】彩虹色细毛线6股，用量300g
【工　　具】13号棒针1副，1.0mm钩针1根
【钩编方法】
（1）按照花样A和结构图，用棒针织51朵螺旋花呈梯形连接。
（2）按照花样B沿着披肩边沿，钩一圈扇形狗牙边。

编织符号说明：

- 下针
- 上针
- 空针
- 锁针
- 引拔针
- 左上2针并1针
- 左上3针并1针
- 短针
- 长针
- 狗牙针

编织方向

花样B　披肩边钩花图解

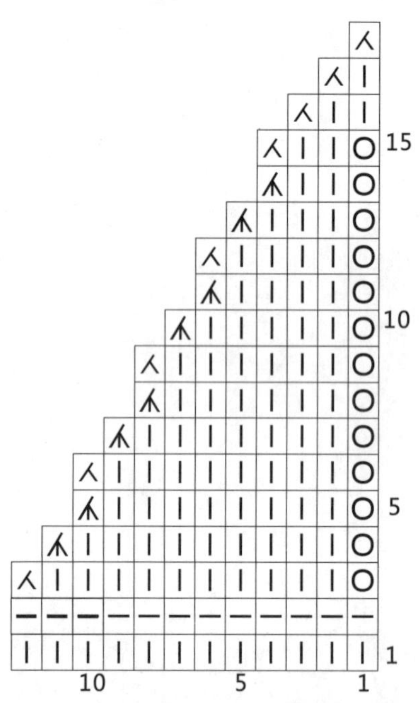

花样A　72针螺旋花单边图解

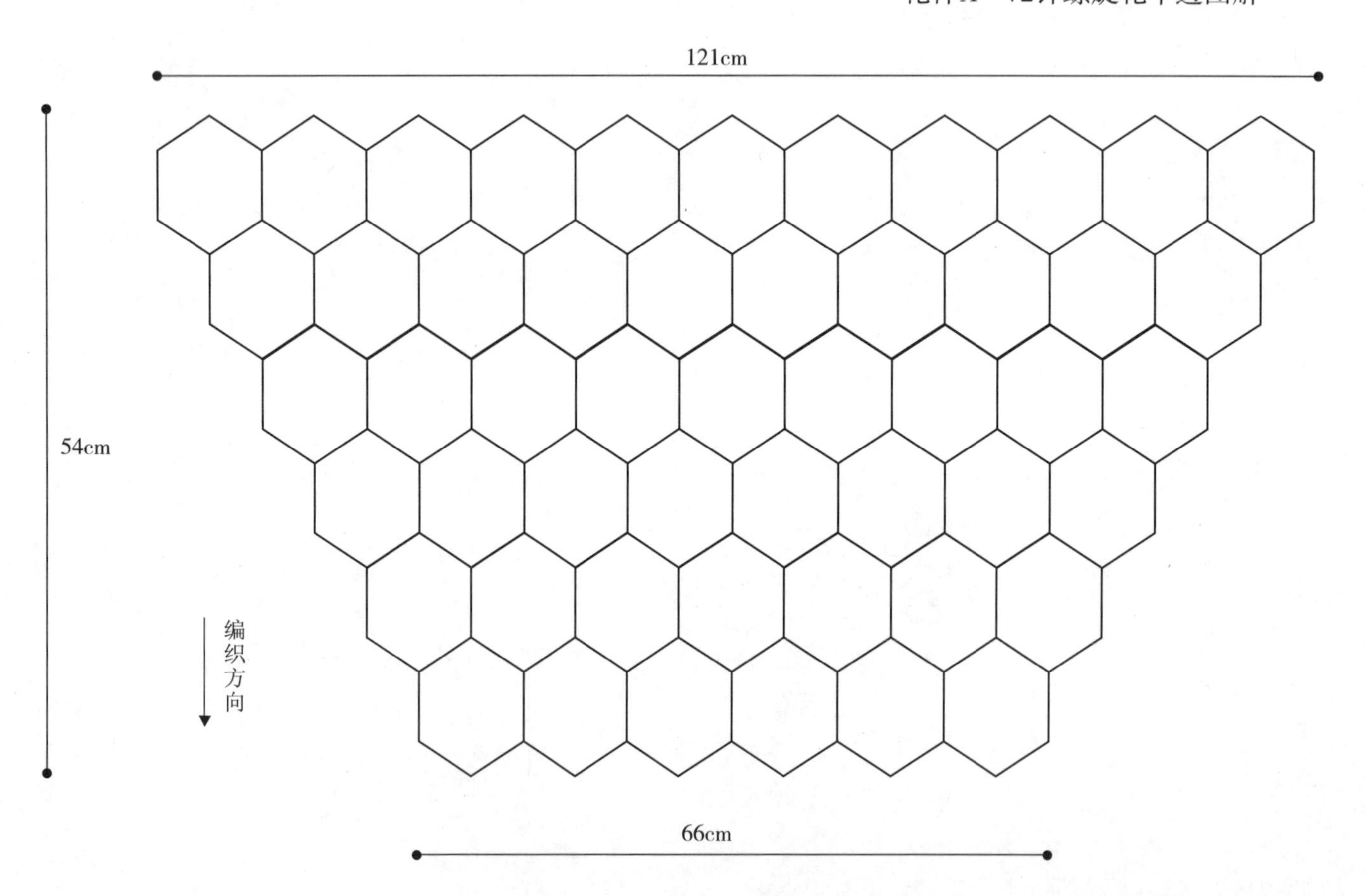

Y 螺旋组合装

【成品规格】衣长61cm，胸围84cm，挂肩21cm，领围52cm；围巾长78cm，宽13cm

【材　　料】蜜蜂牌段染粗羊毛线，用量550克（衣450g，围巾100g）；深咖啡色松树纱150g

【工　　具】8号棒针4根，2.5mm钩针1根

【钩编方法】

（1）螺旋衣按照花样A和结构图连织26朵螺旋花。

（2）织6朵螺旋花做围巾。

（3）按照花样B织3cm宽的袖窿边和衣边。

（4）围巾钩一圈逆短针做边。

编织符号说明：

- 丨 下针
- 一 上针
- ○ 空针
- 人 左上2针并1针
- 木 左上3针并1针
- ↑ 编织方向

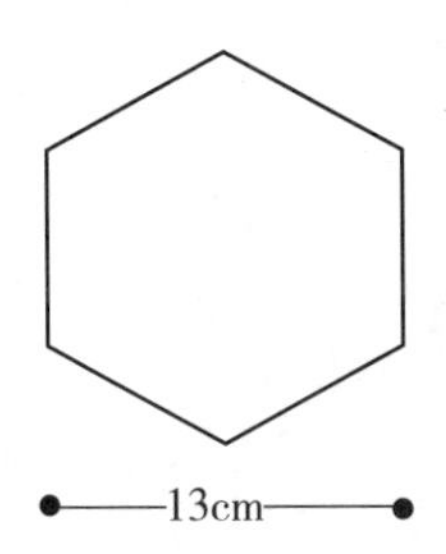

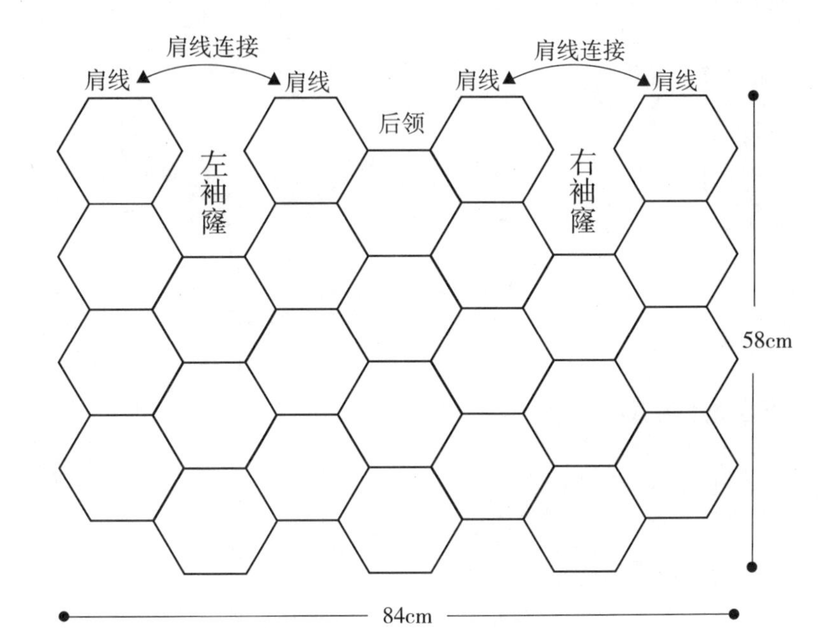

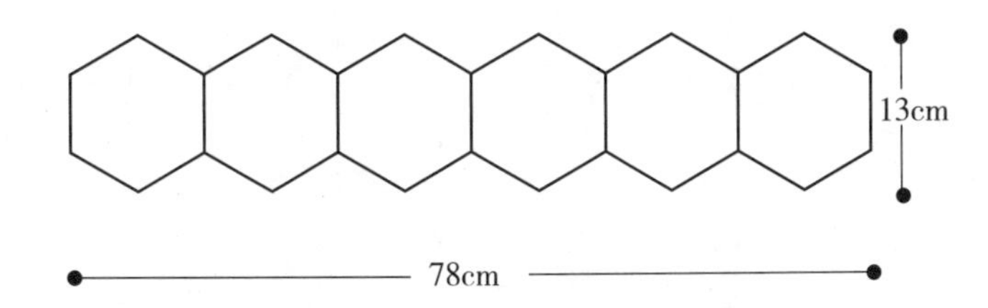

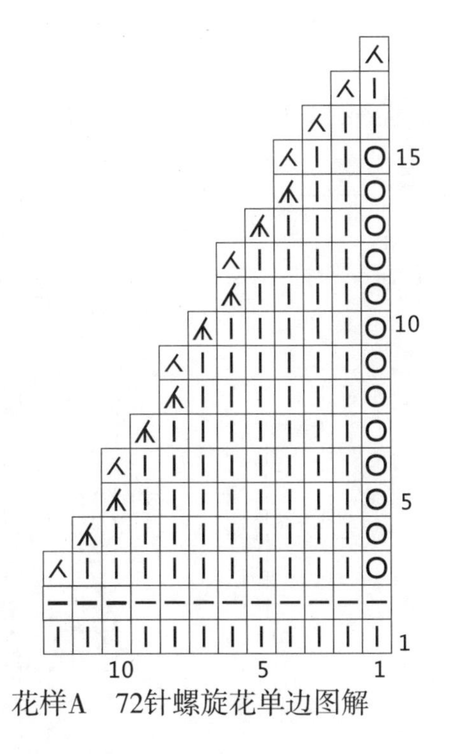

花样A　72针螺旋花单边图解

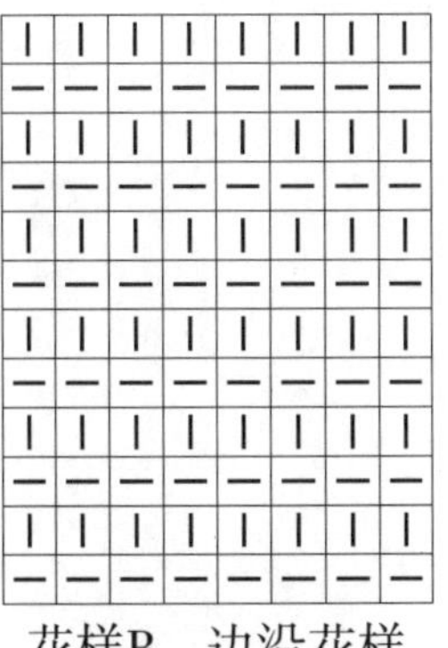

花样B　边沿花样

7 奢华皮草衣

【成品规格】衣长67cm，胸围108cm，挂肩21cm，袖长52cm，肩宽48cm，领围54cm

【材　　料】橘黄色和段染皮草线各500g，橘黄色圈圈纱250g（1股皮草线与1股圈圈纱合股编织）

【工　　具】5.5mm棒针和环针各1副，2.0mm钩针1根，毛衣缝针1枚，扣子6颗

【钩编方法】

（1）按照结构图从下往上前后片连织，两边12针门襟始终织单罗纹，右边门襟注意留出纽扣洞眼。

（2）织至46cm分袖子，前后片按照结构图分别收前后领，缝合肩部。

（3）按照结构图分别挑织两边袖子，袖管环织，注意袖下减针。

（4）挑织领子89针，织单罗纹14行收罗纹边。

（5）按照结构图编织围巾。

编织符号说明：

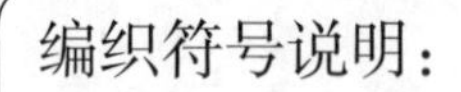

符号	说明	符号	说明
丨	下针	⋏	左上2针并1针
—	上针	⋌	右上拔收1针
O	空针	◎	绕两圈线

↑ 编织方向

衣身结构图

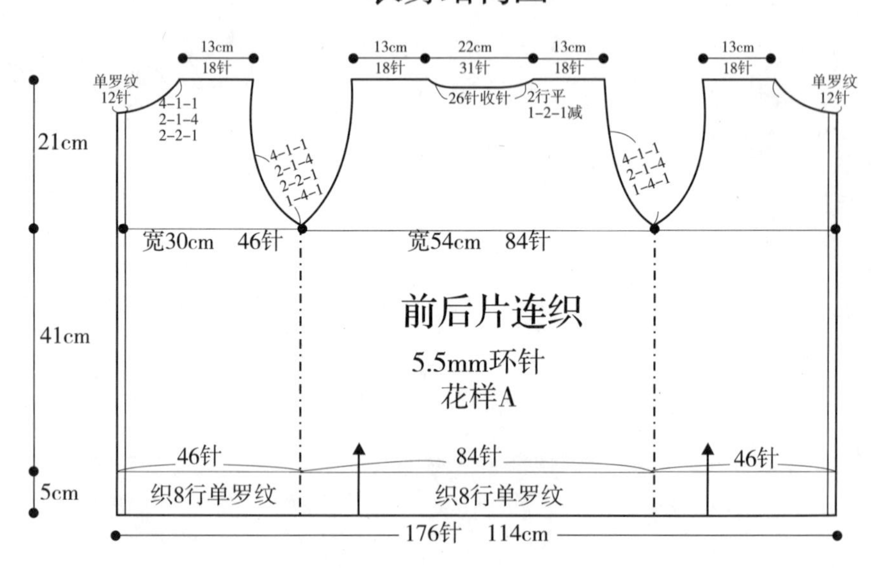

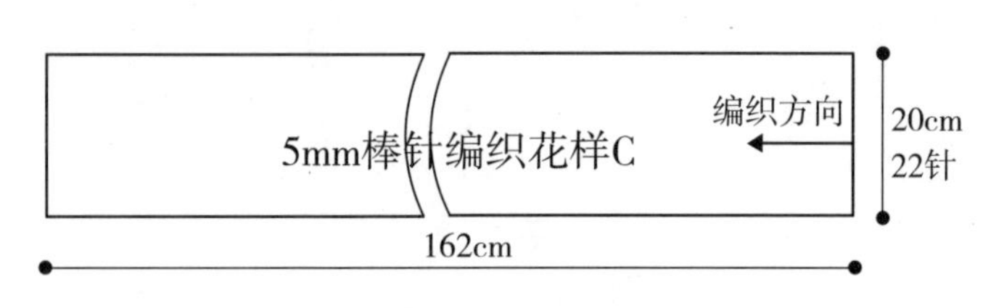

袖子结构图

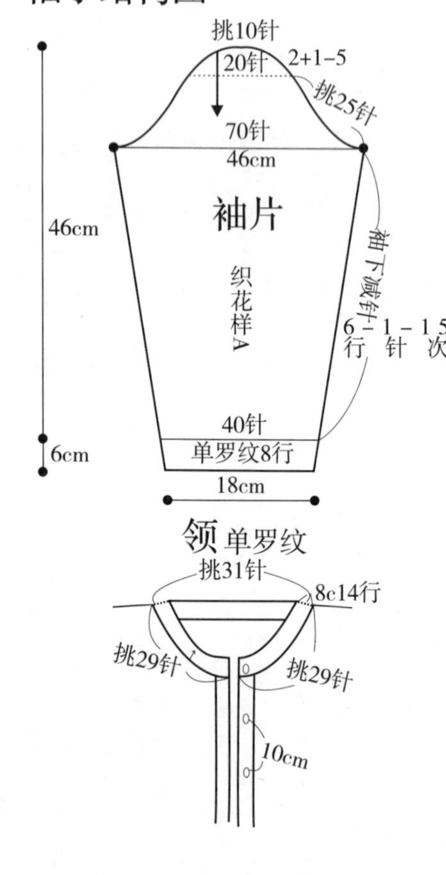

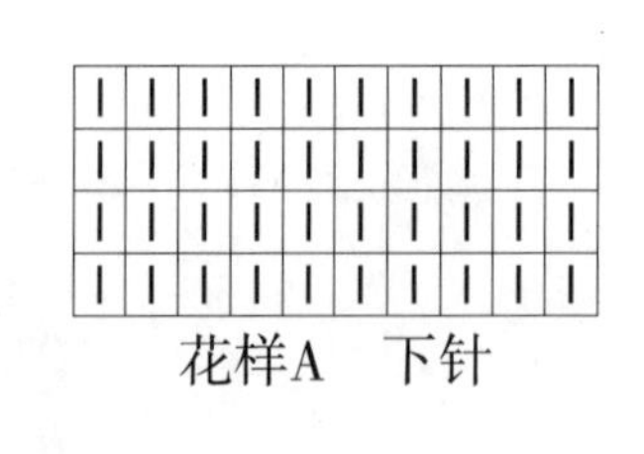

花样A　下针

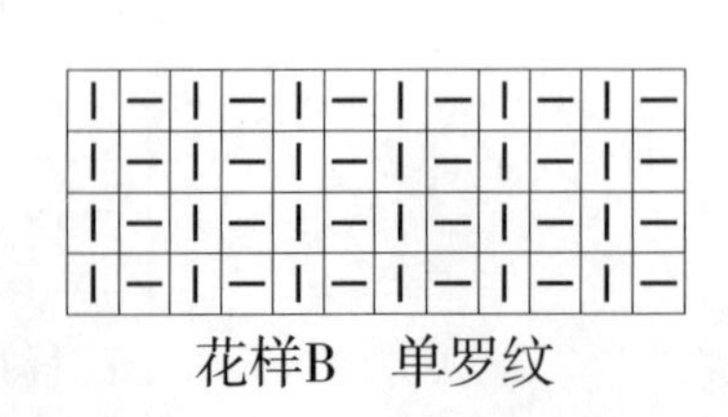

花样B　单罗纹

右门襟扣眼针法图

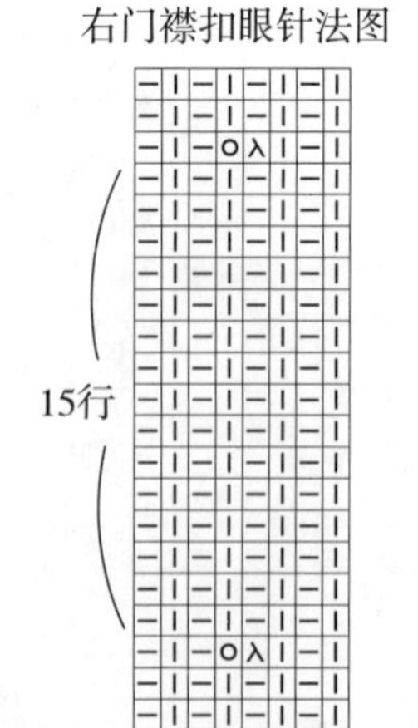

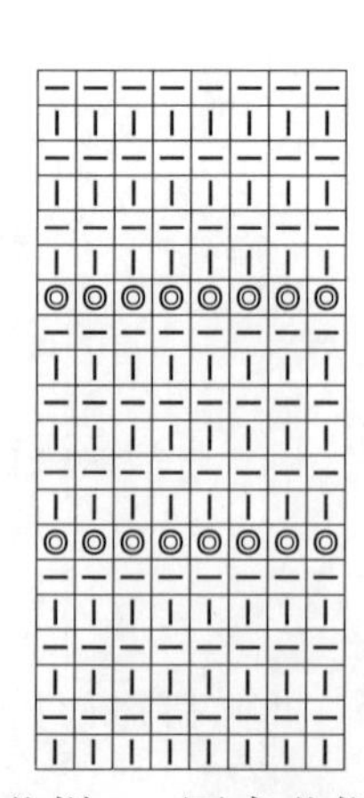

花样C　围巾花样

A' 螺旋花贴袋连帽衣

【成品规格】衣长66cm，胸围102cm，挂肩20cm，背肩宽48cm，袖长46cm，帽子高31cm，螺旋花贴袋直径20cm

【材　　料】日本蓝咖夹花色手编粗羊绒毛线1000g

【工　　具】5.5mm棒针和环针各1副，2.0mm钩针1根，毛衣缝针1枚，扣子6颗

【钩编方法】

（1）按照结构图起165针，连织衣的前后片，两边门襟8针始终织单罗纹，左门襟留出扣眼。

（2）织46cm长分前后片，注意袖窿减针。

（3）按照结构图收后领和前领，缝合肩部。

（4）分别挑织两边袖子，袖管环织，注意袖下减针。

（5）挑织帽子，后领挑34针，前领各挑23针，共80针。

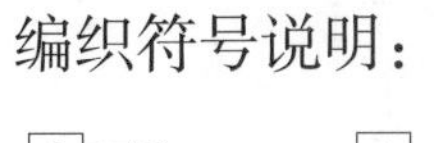

编织符号说明：

I	下针
—	上针
O	空针
人	左上2针并1针
木	左上3针并1针
入	右上拔收1针

↑ 编织方向

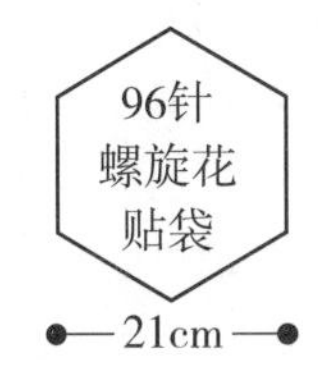

衣身结构图

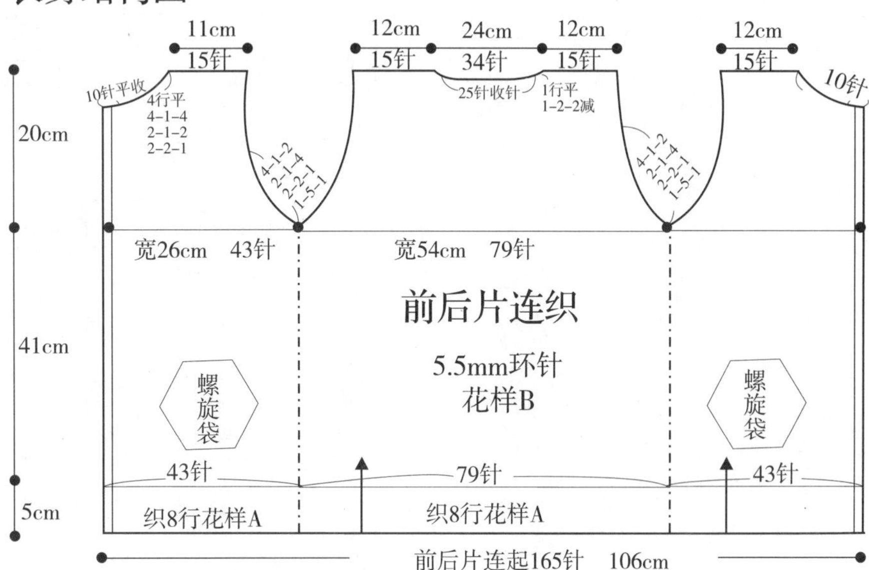

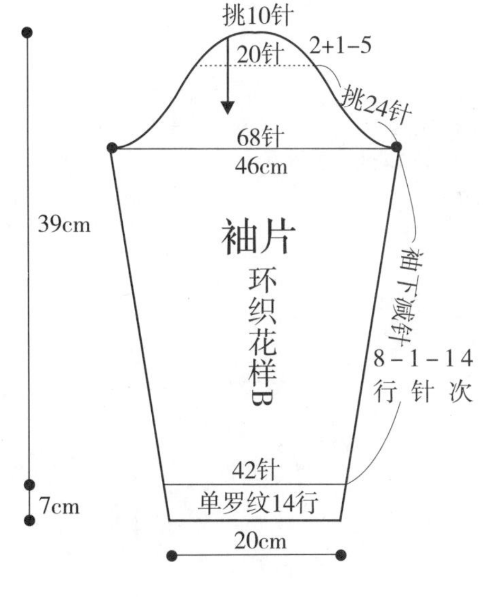

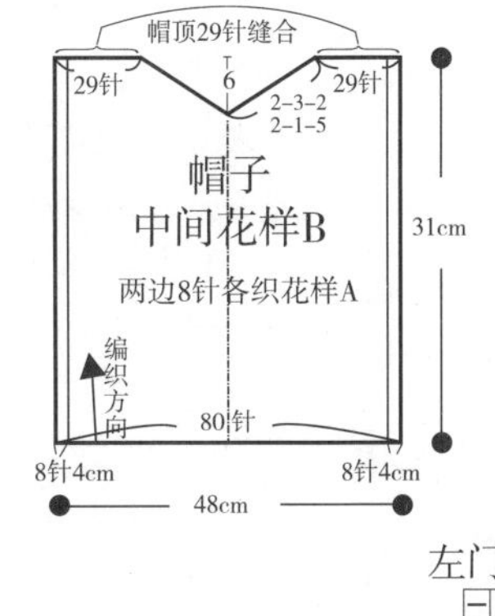

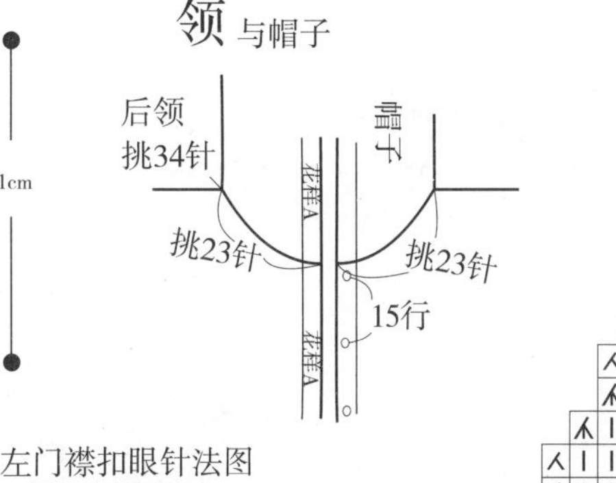

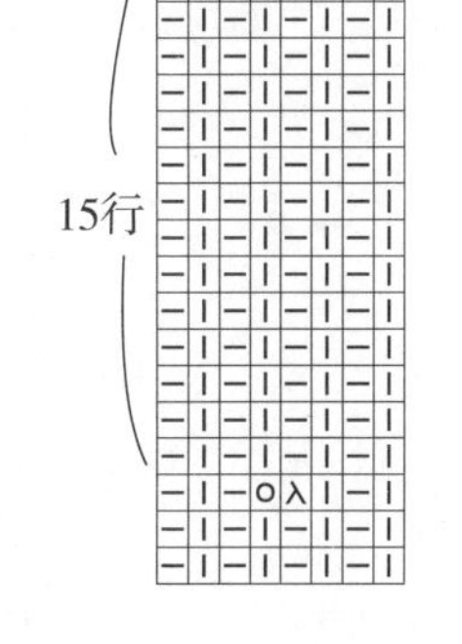

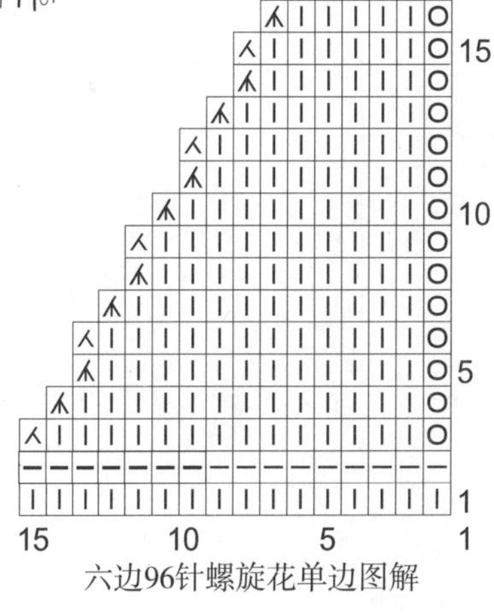

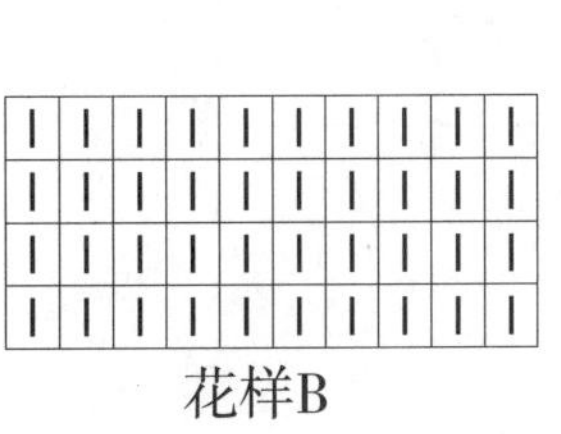

花样B

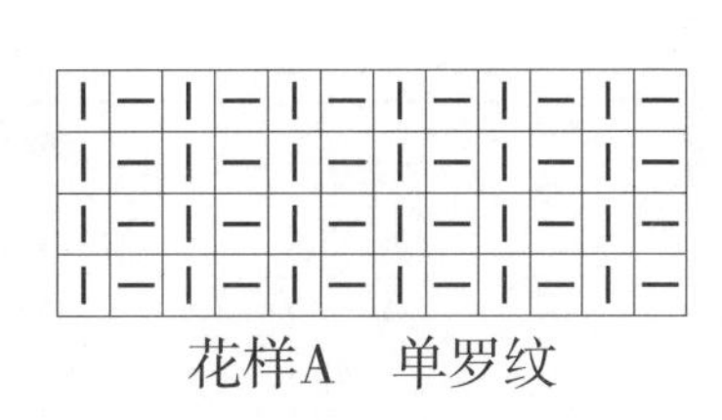

花样A　单罗纹

B' 魅力皮草披肩

【成品规格】披肩长90cm，宽34cm，装饰带长72cm
【材　　料】黑色夹丝马海毛线1股，与黑色松树纱1股合股编织，共350克
【工　　具】10号棒针2根，2mm钩针1根
【钩编方法】
（1）起60针，按照花样A来回织下针。
（2）织够90cm长用下针套收边。
（3）披肩两头分别钩装饰带穿入。

编织符号说明：

锁针
引拔针
上针
编织方向
短针
长针
下针

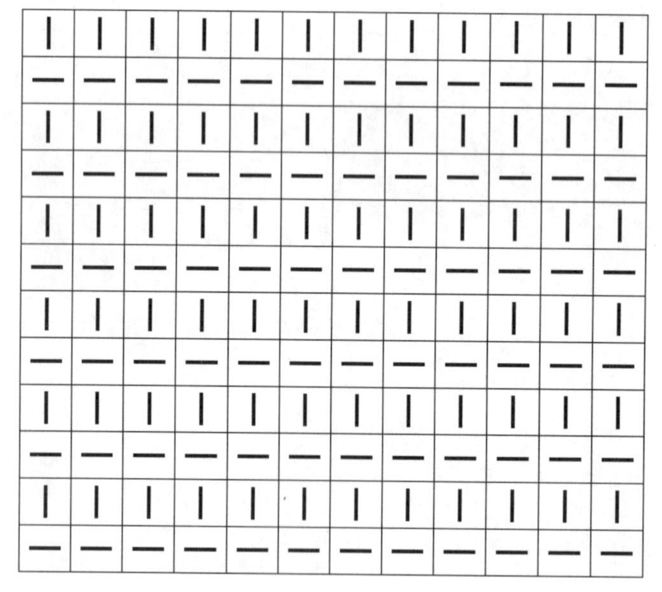

花样A

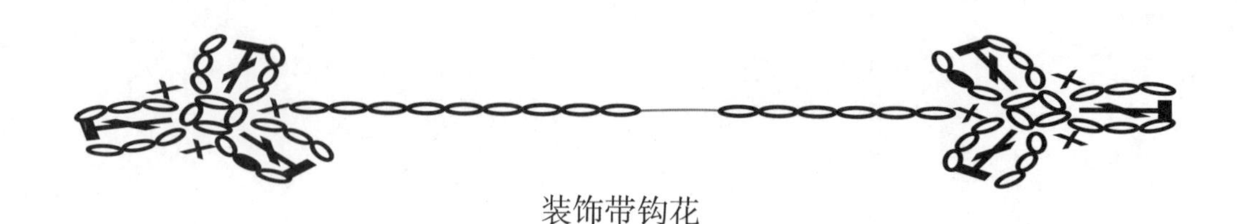

装饰带钩花

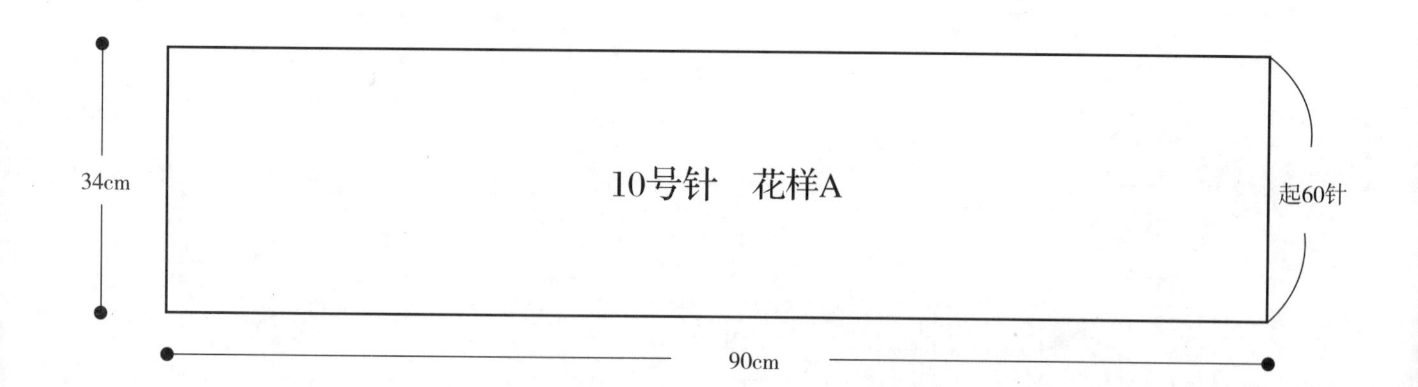

·读者服务卡·

我购买了《　　　　　　》。

1.个人资料

姓名 ____________ 出生 __________ 年 _____ 月　文化程度 __________

单位 ______________ 通讯地址 ________________ 邮编 __________

联系电话 ______________ QQ ____________ E-mail ____________

2. 您从何处得知本书的出版?

□书店　□报纸杂志《 __________ 》　□书讯

□亲朋好友　□网络　□毛线产品市场　□其他 __________

3.您大约什么时候购买了本书? ______ 年 _____ 月 _____ 日

4.您从何处购买的本书? ______ 市 __________ 书店

□展会　□邮购　□网上订购　□书店　□其他 __________

5. 您购买本书的原因?（可复选）

□个人爱好　□加工参考　□生活实用　□作者

□价格合理（如不合理，您觉得合理的价格应是 _____ 元）　□其他 __________

6. 您经常在什么地方买书? ____________________

7. 您经常购买哪类图书? ____________________

8. 您所喜欢的编织方面的图书或杂志有哪些?

① ______________ ② ______________

③ ______________ ④ ______________

9. 您购买编织图书时考虑的因素有哪些?

□作者　□主题　□摄影　□出版社　□价格　□实用　□其他 __________

10. 您对书籍的写作是否有兴趣?　□没有　□有（我们会尽快与您联络）

11. 您认为本书尚需改进之处有哪些?

____

____

12.您希望我们未来出版何种内容的图书?

____

____

____

亲爱的读者朋友，您对《　　　　　　》及我社出版的其他编织类图书有何意见与建议，欢迎来电来函与我们沟通。对于您的支持与关心，我们将不胜感激。凡是提供反馈意见者（注：上表可复印使用），均可不定期获得我社最新编织类新书书讯。同时，我们也热切地希望您能踊跃投稿！

辽宁科学技术出版社

地址：沈阳市和平区十一纬路29号　110003

http: //www.lnkj.com.cn

社内邮购：024-23284502　23284507　23284559

网络发行：http://lkjcbs.tmall.com

投稿热线：024-23284367

QQ：473074036（请注明“编织”等字样）

我最想要的编织书

作者：王晶辉

ISBN 9787538167320 / 45.80元 / 210mm × 285mm / 192页 / 2012.1

超人气作者，打造一流作品！图文并茂作品解说+视频解说，你就是下一个编织达人！本书详细介绍了各种针法符号，每一款作品都有详细的制作图解和说明，一一突破编织重点和难点。

零基础钩针入门

作者：张翠

ISBN 9787538173208 / 29.80元 / 210mm × 285mm / 80页 / 2012.2

本书用最准确的针法剖析、最贴心的文字讲解、最详细的光盘教学，手把手教你从起针到完成整件成衣，附带长达4小时的真人钩针基础教学同步光盘，还有时下最流行的一线连钩法讲解。轻松为你解答衣服各部位的编织难点，无需任何基础，就能钩出你想要的毛衣。

我最想要的编织书II

作者：王晶辉

ISBN 9787538172539 / 45.80元 / 210mm × 285mm / 192页 / 2012.1

超人气作者，打造一流作品！图文并茂作品解说+视频解说，你就是下一个编织达人！本书详细介绍了各种针法符号，每一款作品都有详细的制作图解和说明，一一突破编织重点和难点。本书更配有64页全图解纸型+3小时超长高清DVD教学光盘，让一切难点变得简单直观。

延续《我最想要的编织书》的超高人气。

零基础棒针入门

作者：张翠

ISBN 9787538173192 / 29.80元 / 210mm × 285mm / 80页 / 2012.2

本书是一本手把手教你从如何起针到织成一件成衣的基础教学书，附带同步光盘，长达4小时的真人棒针基础教学，让你待在家里带着孩子也能随时学习。另外还有对《7天即可织成的宝宝装》等畅销书中的多款经典作品的编织讲解，让你举一反三，为宝宝织出更多美衣。

品味钩编
——钩针达人青瓜的魅力作品集

作者：青瓜

ISBN 9787538173895 / 32.000元 / 210mm × 285mm / 132页 / 2012.3

青瓜的钩针专辑终于和大家见面了，历经5个寒冬和酷暑，一千多个日夜，从几百件作品中精挑细选40件纳入这本作品集。希望本书带给大家的不单单是详细的图解和简单的钩织技巧，还有对美好事物的追求、对时尚的解读以及对生活的热爱。

螺旋花的魅力

作者：编织人生 何晓红

ISBN 9787538172744 / 28.00元 / 210mm × 285mm / 104页 / 2012.3

本书是国内第一本纯手工螺旋花编织品图书。螺旋花作为一种纯美花形，受到众多爱好者的追捧。然而复杂的花式常常让人望而却步。本书提供超详细的全彩色step by step步骤图，手把手教您学会，并能举一反三，尝试各种变化。同时书中展示了14款利用这种花形编织的成人女装，精美绝伦。

我的手编时尚毛衣

作者：曾欣

ISBN 9787538172522 / 39.80元 / 210mm × 285mm / 208页 / 2012.1

我的手编经典毛衣

作者：张翠

ISBN 9787538170405 / 39.80元 / 210mm × 285mm / 208页 / 2011.7

我的手编靓丽毛衣

作者：张翠

ISBN 9787538170399 / 39.80元 / 210mm × 285mm / 208页 / 2011.7

我的手编休闲毛衣

作者：张翠 万秋红

ISBN 9787538169256 / 39.80元 / 210mm × 285mm / 208页 / 2011.5

如果你喜欢封面上的作品，相信本书中其他作品也不会让你失望！书中所有款式都附有详细编织图解，只要你愿意，就可以将近百款精选美衣轻松带回家。